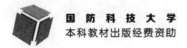
国防科技大学
本科教材出版经费资助

数据库系统实践指南

姚莉 刘斌 丁哲元 吴俊锋 著

国防科技大学出版社
·长沙·

图书在版编目（CIP）数据

数据库系统实践指南/姚莉等著. —长沙：国防科技大学出版社，2017.7（2020.5 重印）

ISBN 978 – 7 – 5673 – 0492 – 5

Ⅰ.①数… Ⅱ.①姚… Ⅲ.①数据库系统—指南 Ⅳ.①TP311.13 – 62

中国版本图书馆 CIP 数据核字（2017）第 017324 号

国防科技大学出版社出版发行
电话：（0731）87000353　邮政编码：410073
责任编辑：邹思思　责任校对：周　蓉
新华书店总店北京发行所经销
国防科技大学印刷厂印装

*

开本：787×1092　1/16　印张：17　字数：403 千字
2017 年 7 月第 1 版 2020 年 5 月第 2 次印刷　印数：1001 – 2000 册
ISBN 978 – 7 – 5673 – 0492 – 5
定价：**40.00 元**

前 言

传统的大学授课方法是采用"先知后行"的教学理念。即先讲授概念、原理、方法等知识点，然后再进行工程实践，体验理论知识怎样解决实际问题。然而，在长期的大学本科生教学实践中我们发现，抽象讲解理论知识并非适合所有的大学生，总有一部分学生需要通过反复答疑，才能理解抽象的概念。理解抽象概念、原理的困境，使教学进度不知不觉就慢了下来，而最终实践时又因学时有限，学生难以体会全部的工程实践内容。

教育心理学把学习模式分成三种类型：视觉型、听觉型和触觉型。受这一思想启发，在近年来的"数据库原理与应用"课程教学中，我们尝试将触觉型学习引入教学范畴，使其与听觉型、视觉型相结合，采用"先行后知"的教学理念进行本科生教学。为了能够让学生"先行"，首先，我们以一个具体的数据库管理系统软件（SQL Server 2008）为例，用截图的方式，把数据库教材中的主要知识点绘制成图，并配以操作步骤；然后让学生先按图学做，做完后于课堂再分析概念内涵和讲解工作原理。这种教学方式使学生的学习效率大大提高，工程实践能力普遍增强，答疑和教学的时数大约可减少四分之一。因此，我们将所有的实践内容汇聚成本书，以使更多学生受益。

本书与目前教材市场上其他配图书籍存在本质不同。本书致力于使初学者由浅入深、循序渐进地学习和实践数据库的原理与设计方法。本书将学生的学习过程大致分为三个阶段。其一，体验阶段：按图学做，体验概念和方法的工作过程。其二，理解阶段：配合书中的温馨小贴士和教材内容，深入理解概念和方法的工作原理。其三，实践阶段：根据每章后的实验要求，结合书中推荐的参考文献，提高个体的工程实践能力，并积累丰富的数据库系统开发经验。为此，本书的章节内容，力求简单易行，以激发学生的好奇心和兴趣；温馨小贴士分为经验之谈、理论指导和文献参阅，分别从工程经验、理论知识和深度学习三个方面强化学生学习的广度和深度；本书的实验内容，难易结合，目的在于培养学生良好的数据库工程素养，以及提升学生的动手实践能力。

本书共有十个实验，分为上篇和下篇。上篇的五个实验是数据库课程的基本实验，包括安装和配置数据库管理系统；建立数据库；查询数据库；应用程序访问数据库；建造复杂数据库。上篇侧重于数据库技术的基础建库能力训练，要求学生个人独立完成。下篇的五个实验针对数据库的实际应用，难度较大，包括数据库系统开发方法（配有实例系统的全部源程序）；数据库系统安全管理；建造多媒体数据库；数据仓库与数据挖掘；数据分析与可视化。下篇侧重于数据库技术的高级应用能力训练，要求学生通过项目大作业的协作小组共同完成。本书适用于与耶鲁大学的数据库教材（*Database System Concepts*，6th edition，Avi Silberschatz，Henry F. Korth，S. Sudarshan，McGraw-Hill，May 2011）配套使用。

  本书的附录分为两部分：附录一为 CNET Networks 公司从全世界著名数据库专家那里收集的 60 个数据库设计技巧，是十分实用且极具价值的工程实践经验；附录二为本书第六章数据库系统开发案例"管理信息系统 CyclesMIS"的源程序清单，源程序仅提供给使用本书的教师。

  本书由姚莉负责内容设计和统稿。姚莉和吴俊锋主要负责撰写第二、三、六、七、九、十章，刘斌和丁哲元主要负责撰写第一、四、五、八章。书中的程序由丁哲元和刘斌负责编制，第二、三章的数据库案例取自多伦多大学计算机科学系 Renée J. Miller 教授的课件，第六～八章的数据库案例部分取材于 SQL Server 随机安装的示例数据库 Advan AdventureWorks，个别图例来自历届学生的实验报告。姚莉、刘斌和丁哲元完成了全书的校稿。

  "数据库原理与应用"课程在国防科技大学信息系统与管理学院已有三十余年的授课历史，每年度的教员与学员都积累了大量的教学素材，为本书的形成奠定了良好的基础。在此，向所有参与该课程的前辈、同事和学生致敬！感谢大家对该课程给予的支持！

  由于作者水平有限，书中错误在所难免，欢迎广大同行与读者批评指正。

作 者
2017 年 6 月

目 录

上篇 基础建库能力训练

第一章 安装和配置数据库管理系统 ………………………………………… 3
1.1 数据库管理系统软件 DBMS 的安装 …………………………………… 3
1.2 安装 AdventureWorks 示例数据库 ……………………………………… 12
1.3 附加数据库 ………………………………………………………………… 14
    温馨小贴士 ………………………………………………………………… 16
    实验一：建立数据库开发环境 ………………………………………… 18

第二章 建立数据库 …………………………………………………………… 19
2.1 启动 SQL Server Management Studio ……………………………………… 19
2.2 使用 Transact–SQL 语句建立和修改数据库 …………………………… 20
    2.2.1 创建新的数据库 …………………………………………………… 21
    2.2.2 创建表与定义完整性约束 ………………………………………… 22
    2.2.3 数据的录入与更新 ………………………………………………… 23
    2.2.4 创建视图 …………………………………………………………… 25
    2.2.5 创建索引 …………………………………………………………… 26
    2.2.6 数据库备份 ………………………………………………………… 27
    2.2.7 数据库恢复 ………………………………………………………… 28
    2.2.8 数据库更改 ………………………………………………………… 28
2.3 使用图形工具建立和修改数据库 ……………………………………… 30
    2.3.1 创建新的数据库 …………………………………………………… 30
    2.3.2 创建表与定义完整性约束 ………………………………………… 31
    2.3.3 创建视图 …………………………………………………………… 33
    2.3.4 创建索引 …………………………………………………………… 34
    2.3.5 数据的导入与导出 ………………………………………………… 34
    2.3.6 数据库备份 ………………………………………………………… 37
    2.3.7 数据库的恢复 ……………………………………………………… 38

  2.3.8 数据库的更改 ·· 39

 温馨小贴士 ·· 42

 实验二：数据库的建立及基本的数据定义与操作 ································ 46

第三章 数据库查询 ·· 49

 3.1 基本查询结构 ·· 49

 3.2 简单查询语句 ·· 50

 3.3 复杂查询语句 ·· 54

  3.3.1 连接运算 ·· 54

  3.3.2 聚集函数 ·· 58

  3.3.3 集合操作 ·· 61

  3.3.4 嵌套查询 ·· 62

  3.3.5 With 语句 ··· 64

  3.3.6 视图查询 ·· 64

 3.4 查询优化 ·· 65

 温馨小贴士 ·· 66

 实验三：数据库查询 ··· 69

第四章 应用程序访问数据库 ·· 72

 4.1 VC++使用 ODBC 访问数据库管理系统 ··································· 72

  4.1.1 VC++开发环境的安装与配置 ·· 72

  4.1.2 ODBC 数据源配置 ··· 76

  4.1.3 在 VC++中用 ODBC 访问 SQL Server 数据库 ················ 83

 4.2 ASP 使用 ODBC 访问数据库管理系统 ··································· 85

  4.2.1 Dreamweaver8.0 开发环境安装与配置 ····························· 85

  4.2.2 Dreamweaver8.0 建立站点和文件 ···································· 88

  4.2.3 启动 Internet 信息服务(IIS)管理器 ······························· 90

  4.2.4 在 ASP 中用 ODBC 访问 SQL Server 数据库 ··················· 92

 4.3 Java 使用 JDBC 访问数据库管理系统 ··································· 94

  4.3.1 Java 开发环境的安装与配置 ·· 95

  4.3.2 JDBC 数据源配置 ·· 99

  4.3.3 在 Java 中用 JDBC 访问 SQL Server 数据库 ·················· 101

 4.4 JSP 访问 SQL Server 2008 ··· 105

  4.4.1 配置 JSP 运行环境并建立、运行 JSP 项目 ····················· 105

  4.4.2 使用 JSP 访问 SQL Server 2008 数据库举例 ··················· 111

 温馨小贴士 ··· 113

 实验四：应用程序访问数据库 ·· 116

第五章　建造复杂数据库 …… 118

5.1　在 SQL Server 2008 中创建和使用存储过程 …… 118
5.1.1　创建并执行一个简单存储过程 …… 118
5.1.2　带输入参数的存储过程 …… 119
5.1.3　带输入输出参数的存储过程 …… 120
5.1.4　程序中调用存储过程 …… 123

5.2　创建和使用触发器 …… 125
5.2.1　创建 DML 触发器 …… 125
5.2.2　创建 DDL 触发器 …… 129

温馨小贴士 …… 131
实验五：存储过程与触发器的创建和使用 …… 133

下篇　高级应用能力训练

第六章　数据库系统开发方法 …… 139

6.1　数据库系统的开发过程 …… 139
6.2　数据库系统的数据需求分析 …… 141
6.2.1　数据视角的旧系统分析与批判 …… 141
6.2.2　新系统的功能需求分析 …… 142
6.2.3　新系统的数据需求分析 …… 143
6.2.4　新系统的接口需求分析 …… 145
6.2.5　新系统的质量需求分析 …… 150

6.3　数据库的概念设计 …… 150
6.3.1　实体及其简单属性建模 …… 151
6.3.2　复杂属性建模 …… 152
6.3.3　实体之间的关系建模 …… 152
6.3.4　扩展的概化关系建模 …… 156
6.3.5　ER 图的合并与求精 …… 158

6.4　关系数据库的逻辑设计 …… 159
6.4.1　ER 图转换为关系模式 …… 159
6.4.2　关系模式的规范化设计基础 …… 162
6.4.3　基于 BCNF 的模式分解方法 …… 164
6.4.4　基于 3NF 的模式分解方法 …… 165
6.4.5　完整性约束设计 …… 166

6.5　关系数据库的物理设计 …… 167
6.5.1　确定数据的存储结构 …… 167

		6.5.2	确定数据的存取方法	167

      6.5.3　配置数据库 …………………………………………………… 168
      6.5.4　设计外模式 …………………………………………………… 169
  6.6　数据库系统的实施 …………………………………………………… 169
      6.6.1　建立数据库 …………………………………………………… 169
      6.6.2　配置 ODBC 数据源并装载数据 …………………………… 171
      6.6.3　配置网站与 asp 文件，编制与调试应用程序 …………… 172
      6.6.4　系统测试和试运行 …………………………………………… 173
  温馨小贴士 ……………………………………………………………………… 174
  实验六：数据库系统开发 ……………………………………………………… 177

第七章　数据库安全管理 ……………………………………………… 180

  7.1　数据库的安全机制 …………………………………………………… 180
      7.1.1　创建服务器的登录名 ………………………………………… 180
      7.1.2　创建用户 ……………………………………………………… 182
      7.1.3　数据库对象权限管理 ………………………………………… 185
  7.2　应用程序安全性 ……………………………………………………… 188
      7.2.1　SQL 注入 ……………………………………………………… 188
      7.2.2　密码泄露 ……………………………………………………… 188
      7.2.3　跨站点脚本和请求伪造 ……………………………………… 189
  7.3　数据库加密技术 ……………………………………………………… 189
      7.3.1　数据文件和日志文件的加密 ………………………………… 190
      7.3.2　用户隐私信息的加密 ………………………………………… 191
      7.3.3　数据库登陆信息的加密 ……………………………………… 193
  温馨小贴士 ……………………………………………………………………… 194
  实验七：数据库安全 …………………………………………………………… 195

第八章　建造多媒体数据库 …………………………………………… 196

  8.1　多媒体数据的存取 …………………………………………………… 196
      8.1.1　在 SQL Server 2008 中创建 BLOB 类型字段并存储 BLOB 数据 …… 196
      8.1.2　在 SQL Server 2008 中查询和更新 BLOB 数据 ………… 199
  8.2　程序访问和存储 BLOB 数据 ………………………………………… 200
  温馨小贴士 ……………………………………………………………………… 204
  实验八：多媒体数据的存取 …………………………………………………… 206

第九章　数据仓库与数据挖掘 ………………………………………… 207

  9.1　创建数据仓库 ………………………………………………………… 207
  9.2　导入已有的数据仓库 ………………………………………………… 208

9.3 创建数据仓库分析项目 …………………………………………… 210
9.4 定义数据源 ………………………………………………………… 211
9.5 创建数据源视图 …………………………………………………… 212
9.6 创建数据挖掘结构 ………………………………………………… 213
9.7 部署项目 …………………………………………………………… 215
9.8 浏览数据挖掘模型 ………………………………………………… 216
9.9 分类预测 …………………………………………………………… 217
温馨小贴士 …………………………………………………………… 220
实验九：基于数据仓库的数据挖掘 ………………………………… 222

第十章 数据分析与 OLAP 技术 ……………………………………… 223

10.1 数据分析的基本技巧 …………………………………………… 223
10.2 创建数据分析项目 ……………………………………………… 224
10.3 定义新的数据源 ………………………………………………… 225
10.4 创建数据源视图 ………………………………………………… 226
10.5 定义维度 ………………………………………………………… 228
10.6 创建多维数据集 ………………………………………………… 230
10.7 向维度添加属性 ………………………………………………… 232
10.8 创建维度的层次结构 …………………………………………… 233
10.9 部署与浏览 ……………………………………………………… 234
10.10 基本的联机分析处理操作 …………………………………… 235
  10.10.1 切片 ……………………………………………………… 235
  10.10.2 下钻与上卷 ……………………………………………… 236
温馨小贴士 …………………………………………………………… 238
实验十：多维数据集的建立与 OLAP ……………………………… 240

参考文献 ………………………………………………………………… 241

附录一：数据库设计 60 个技巧 ……………………………………… 242

第 1 部分：设计数据库之前 ………………………………………… 243
第 2 部分：设计表和字段 …………………………………………… 247
第 3 部分：选择键和索引 …………………………………………… 253
第 4 部分：保证数据的完整性 ……………………………………… 257
第 5 部分：各种小技巧 ……………………………………………… 260

附录二：管理信息系统 CyclesMIS 的源程序清单 ………………… 262

上篇 基础建库能力训练

JICHU JIANKU NENGLI XUNLIAN

建造数据库系统的目的在于高效和高质量地管理大量信息。正如所有的仓库都需要保管员管理一样，存放信息的数据库也需要一个"管家"进行管理，这个数据库的管家就称为"数据库管理系统（简称 DBMS）软件"。因此，数据库系统实践能力的培养要从了解和学习数据库管理系统软件开始。

初学者首先需要安装一个数据库管理系统软件 DBMS，然后，在 DBMS 平台上建立和使用数据库。目前，广为使用的商用数据库管理系统软件包括 Oracle、SQL Server、DB2、MySQL、PostgreSQL、Access 等，这些数据库管理系统软件均为关系型 DBMS，遵循数据库查询语言 SQL 的国际标准和应用程序连接数据库的应用程序接口协议（如 JDBC、ODBC 等）。本书以 SQL Server 为例，给出实践的方法和步骤，其他商用数据库管理系统软件的训练过程与此类似，也可参照本书的步骤进行训练，但在操作命令的实现上则不尽相同，需要查阅相关软件的用户手册或联机帮助。

为了循序渐进地培养初学者开发数据库系统的实践能力，上篇由浅入深地设计了五个逐步递进的数据库系统实验，如下图所示：

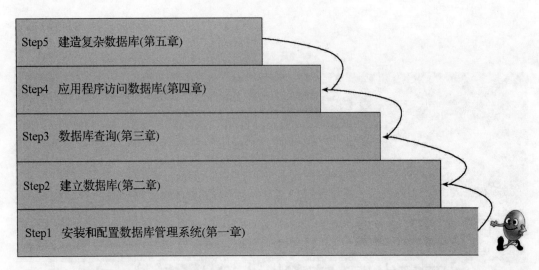

首先，初学者需要在自己的计算机上安装和配置好数据库管理系统软件 DBMS(第一章)；然后，学习怎样使用 DBMS 建立自己的数据库(第二章)；建好数据库后就可以使用数据查询语言 SQL 在数据库中查询信息(第三章)；数据库中的信息不仅需要在 DBMS 平台上查询，更需要从应用程序中访问数据库，以便让信息系统对数据库中的数据进行加工、处理和应用，使数据能够在"www"网范畴内共享(第四章)；现代数据库管理系统为建立高质量数据库提供了许多新的功能(第五章)，这些功能可使数据工程师建造的数据库具有更强大的能力和更高的运行效率。

第一章 安装和配置数据库管理系统

数据库管理系统(简称 DBMS)软件是数据库的"管家"。初学者需要先在计算机上安装一个数据库管理系统软件 DBMS，然后才能在 DBMS 平台上建立和使用数据库。著名的商用数据库管理系统软件包括 Oracle、DB2、SQL Server、MySQL、PostgreSQL 等。本章以 SQL Server 2008 为例，说明数据库管理系统软件的安装过程。

1.1 数据库管理系统软件 DBMS 的安装

首先，将 SQL Server 2008 安装光盘放入计算机运行(参见第一章温馨小贴士 Tip1)，计算机屏幕上可见如图 1.1 所示的文件目录。

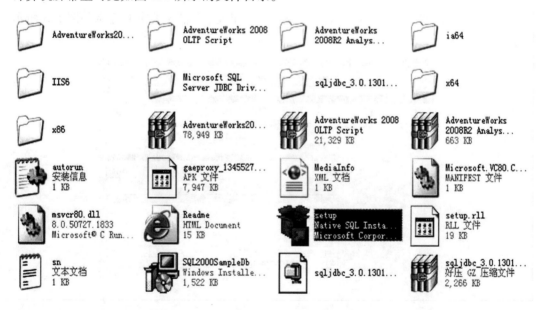

图 1.1 SQL Server 2008 安装目录和安装文件

点击图 1.1 中的安装程序，出现如图 1.2 所示内容，首先安装.net Framework，.net Framework 是微软系统软件的一个执行环境。

图 1.2 .net Framework 安装协议界面

点击"安装"按钮,系统检查安装环境是否满足要求,满足要求时显示如图 1.3 所示内容。

图 1.3 SQL Server 2008 安装程序支持规则检测界面

点击"确定"按钮，出现产品密钥录入界面，如图 1.4 所示。，输入产品密钥，然后，点击"下一步"按钮。

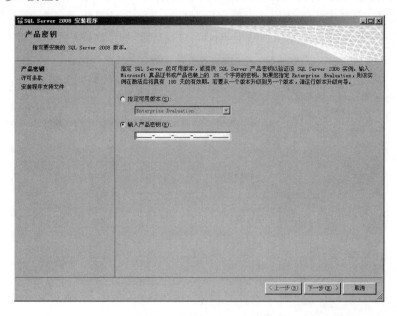

图 1.4 产品密钥录入界面

出现如图 1.5 所示的接受许可条款界面信息，点击"我接受许可条款"复选框，点击"下一步"按钮。

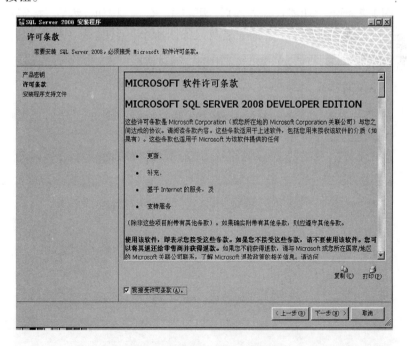

图 1.5 接受许可条款界面

显示安装程序支持规则的检测结果,当有关检测都通过,出现如图1.6所示信息时,说明计算机系统配置符合安装程序的要求,此时点击"下一步"按钮,继续安装;若相关检测不能通过,需要中止安装程序,确定问题所在,修改计算机系统配置,使之满足安装程序的需求(参见第一章温馨小贴士Tip2),然后,重新启动安装程序进行安装。

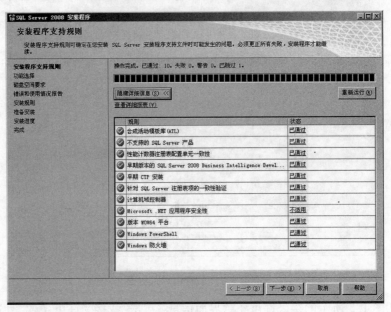

图1.6 有关检测都通过界面

出现如图1.7所示的功能选择界面后,可点击"全选"按钮,然后,指定数据库管理软件SQL Server安装的位置,缺省的安装目录如图所示,点击"下一步"按钮。

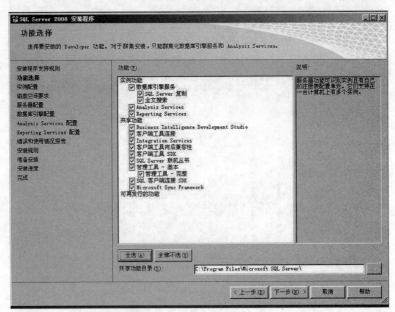

图1.7 功能选择和指定数据库管理软件SQL Server安装的位置界面

实例配置界面如图 1.8 所示,这里的实例指安装的数据库名称,也可使用缺省名称"MSSQLSERVER"。然后,点击"下一步"按钮。

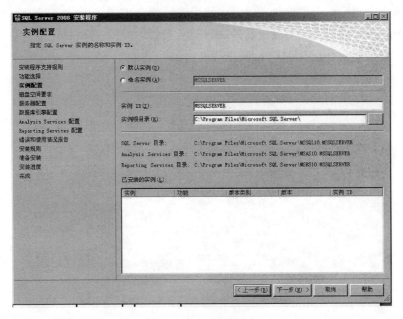

图 1.8　实例配置界面

磁盘空间配置界面如图 1.9 所示,这里要求磁盘空间满足安装程序的最低配置(参见第一章温馨小贴士 Tip3)。然后,点击"下一步"按钮。

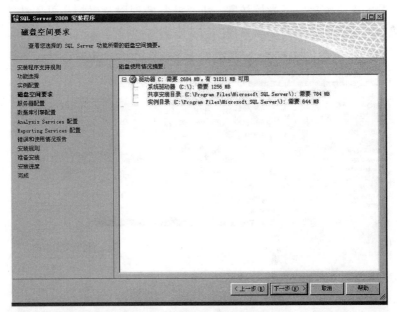

图 1.9　磁盘空间配置界面

服务器配置界面如图 1.10 所示。这里要求服务账户的账户名必须设为"NT

AUTHORITY\NETWORK",启动类型设为"自动"。如果不按该方法设置,在后续的数据库管理系统软件的数据库配置时就会比较麻烦,而上述设置可实现系统自动配置。选用自动模式可省去自己配置的麻烦,但启动使用时可能会占用较大的空间,手动配置可在需要时运行相关功能模块。然后,点击"下一步"按钮。

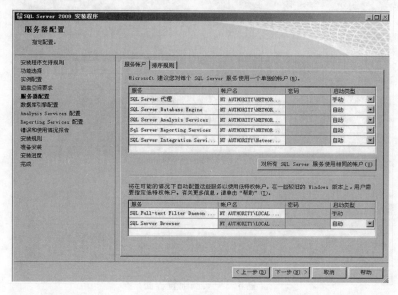

图 1.10　服务器配置界面

数据库引擎配置界面如图 1.11 所示。数据库引擎是用于存储、处理和保护数据的核心服务。数据库引擎提供了受控访问、快速事务处理以及保持高可用性的技术支持,可满足企业内最苛刻的数据消费应用程序的要求。

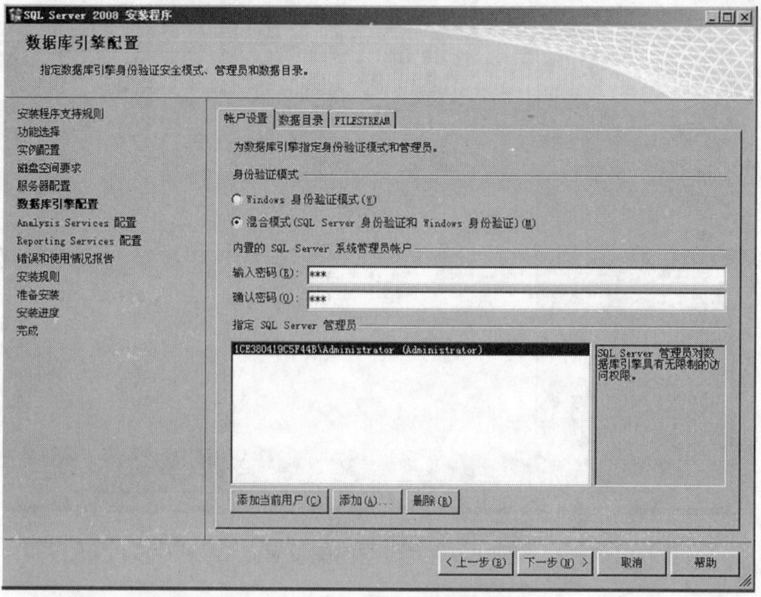

图 1.11　数据库引擎配置界面

为使用方便,在图 1.11 中最好选择混合模式,这样既能使用当前 Windows 账户进行登录,也可使用自己设置的账户进行登录。当直接使用数据库管理系统进行数据库操作时,在 SQL Server 管理分析器(SQL Server Management Studio,SSMS)界面上使用 Windows 账户默认登录比较方便;而使用应用程序访问数据库时则需要使用自己设置的账户和密码进行登录,这里的密码用户可自己设置。然后,点击"下一步"按钮。

分析服务(Analysis Services)配置界面如图 1.12 所示。Analysis Services 配置界面主要提供高级的数据分析服务,如联机分析、数据挖掘等。Analysis Services 的联机分析服务可提供设计、创建和管理包含从其他数据源(如关系数据库)聚合的多维数据结构等功能,实现对 OLAP 功能的支持;Analysis Services 的数据挖掘服务提供了设计、创建和可视化数据挖掘模型等功能,通过使用多种行业标准数据挖掘算法,可以基于其他数据源构造这些挖掘模型。

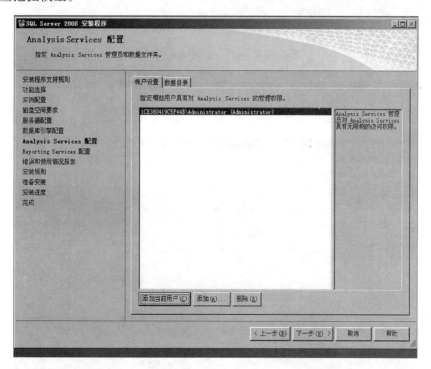

图 1.12　分析服务(Analysis Services)配置界面

报告服务(Reporting Services)配置界面如图 1.13 所示。Reporting Services 提供企业级的 Web 报表功能,从而使用户可创建从多个数据源提取数据的报表,发布各种格式的报表,以及集中管理安全性和订阅服务。这里选择安装本机模式默认配置即可。然后,点击"下一步"按钮。

错误和使用情况报告界面如图 1.14 所示,可直接点击"下一步"按钮。

安装规则检测开始执行,如果检测成功,界面如图 1.15 所示,点击"下一步"按钮。否则,需要返回到之前的步骤进行调整,以确保检测成功。

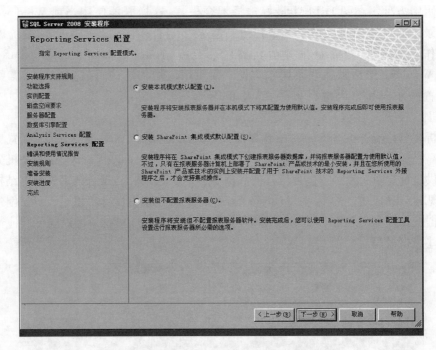

图1.13 报告服务(Reporting Services)配置界面

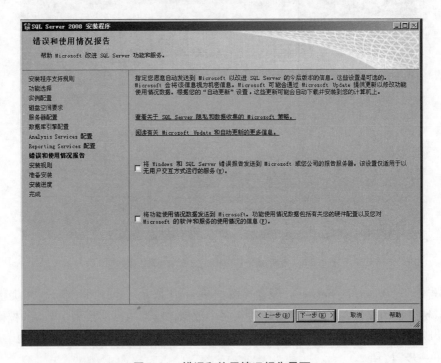

图1.14 错误和使用情况报告界面

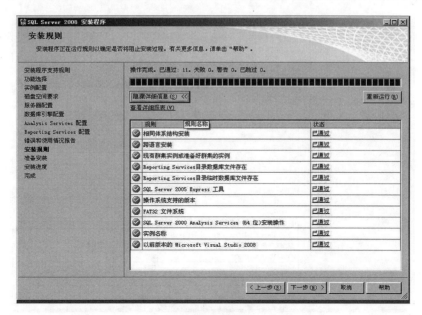

图 1.15　安装规则检测成功后的界面

准备安装界面如图 1.16 所示，点击"安装"按钮，即可进入正式安装程序。

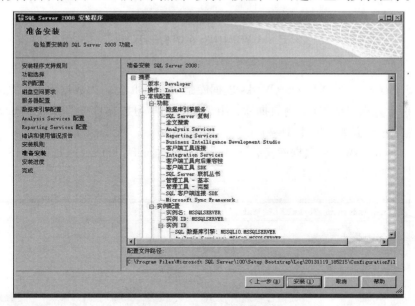

图 1.16　准备安装界面

系统安装时，可通过安装进度界面观察安装的进度。当安装完成时，界面出现如图 1.17 所示内容。点击"下一步"按钮，安装完成。重启系统后相关服务会自动运行。

安装完成后，在系统的"开始"/"程序"菜单中，可看到 SQL Server 2008 R2 程序组。启动 SQL Server Management Studio 后，可见到"连接到服务器"对话框，在该对话框中选择服务器名称为"本机"和身份验证为"Windows 身份验证"，点击"连接"按钮，就可实现系统连接，显示出 SQL Server Management Studio 管理界面，表明安装成功。

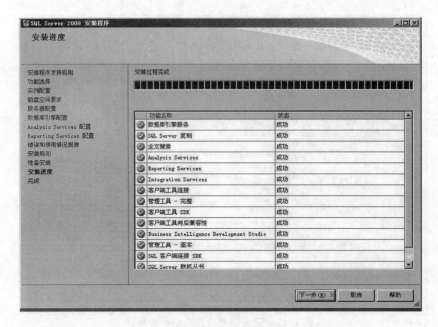

图 1.17　安装进度界面

1.2　安装 AdventureWorks 示例数据库

SQL Server 2008 的 AdventureWorks 数据库是 Microsoft 公司为数据库管理系统软件配置的联机事务处理（OLTP）示例数据库，用于演示和学习数据库管理系统 SQL Server 的功能（参见第一章温馨小贴士 Tip4）。

点击 AdventureWorks 数据库安装文件，弹出界面 Self‑Extractor，如图 1.18 所示，点击"Setup"按钮解压安装文件。

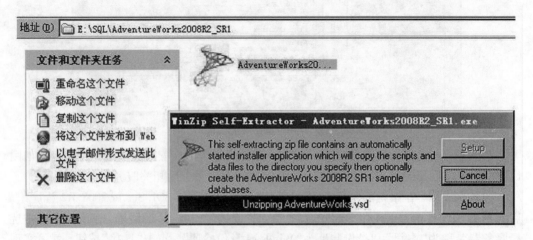

图 1.18　Self‑Extractor 界面

解压完成后自动弹出 License 界面,如图 1.19 所示,选中"I accept the license terms"复选框,点击"Next"按钮。

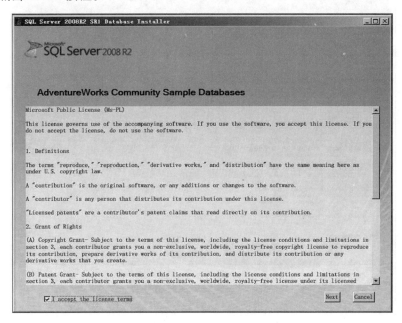

图 1.19　License 界面

然后自动弹出数据库安装界面,如图 1.20 所示。

图 1.20　数据库安装界面

选择 Installation Instance 为"Default",选择安装目录为"C:\Program Files",选中下方要安装的选项如图所示,点击"Install"按钮安装,弹出如图 1.21 所示界面显示安装进度。

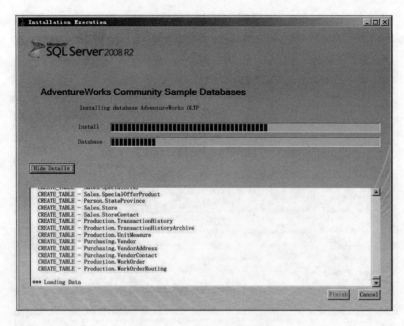

图 1.21 安装进度显示界面

1.3 附加数据库

如果已经存在数据库文件，如从其他地方拷贝的数据库文件，则可使用"附加数据库"命令将其添加到当前服务器的数据库目录下（参见第一章温馨小贴士 Tip5）。如图 1.22 所示，首先将要添加的数据库文件移入相应的"DATA"文件目录中。

图 1.22 将要添加的数据库文件移入相应的"DATA"文件目录

在 SQL Server Management Studio(SSMS)中登录数据库管理系统，然后，展开对象资源管理器，右键单击"数据库"目录，弹出菜单栏，可以看到"附加"菜单，如图 1.23 所示。

图 1.23　弹出菜单栏，显示"附加"菜单

点击"附加"菜单后，即可选择要附加的数据文件，如图 1.24 所示。

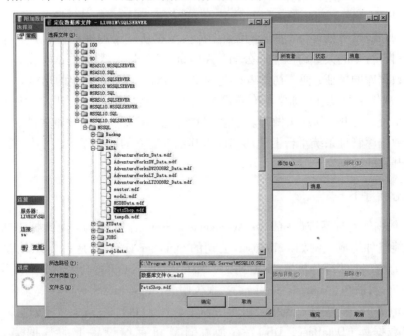

图 1.24　选择要附加的数据文件

完成以上操作后，在其他程序设计环境下建立的数据库（数据存放于附加的数据文件中）就可在新安装的数据库管理系统中操作和使用了。

温馨小贴士

【经验之谈】

Tip1. 正如我们请管家要请高水平的专业人员一样，在安装数据库管理系统时也请选用正版软件。盗版软件不仅可能出现不明原因的系统"卡壳"，降低工作效率，而且还可能导致数据库系统故障，引起数据损失。初学者可在微软官方网站下载 SQL Server 2008 免费试用版。

Tip2. 系统检查安装环境时不能满足配置要求是安装中经常出现的问题。最简单的解决办法是将出现的问题拷贝到百度上查询，看看其他人是怎样解决这些问题的。也可到百度经验中查询其他编程高手发的经验贴，对照检查配置上可能出现的问题。一般而言，所出现的问题与操作系统的版本有很大关系，不同版本的操作系统（如 Window 7、Window 8、Window 10 等）差异很大，新版操作系统的安装相对容易。

Tip3. 对数据库系统应用而言，磁盘空间的配置极其重要，必须保证在未来建立数据库时有足够的磁盘空间加载数据，除此以外，还应为数据库管理系统预留足够的备份和工作空间。磁盘空间的配置依赖于所开发的数据库应用系统，但安装数据库管理系统时必须对数据库规模进行估算。

Tip4. SQL Server 2008 的 AdventureWorks 数据库是 Microsoft 公司为数据库管理系统软件配置的联机事务处理（OLTP）示例数据库。数据所基于的虚构公司是一家生产金属和复合材料自行车的大型跨国生产公司。AdventureWorks 的数据非常丰富，体现了现代大型企业数据库的特征，便于初学者以此为例学习数据库管理系统的功能。

Tip5. 现代企业或组织通常都有自己的数据库，新信息系统的开发，大多是改造老的数据库系统，很少全部从头做起。学会"附加数据库"功能是十分重要的，便于初学者在自己的数据库管理系统平台上使用和操作其他人建立的数据库，也可让自己的"管家"管理别人开发的数据库。

【理论指导】

Tip6. 数据库管理系统（Database Management System，DBMS）：由数据库和管理这些数据的功能组件构成。例如，Microsoft 公司的 SQL Server 2008 是一个数据库管理系统，它具有 SQL Server 管理分析器（SQL Server Management Studio，SSMS）、配置管理器、数据库引擎、分析服务（Analysis Services）、报告服务（Reporting Services）等多个功能组件；而 AdventureWorks 则是 Microsoft 公司使用 SQL Server 2008 建立的一个数据库。

Tip7. 数据库（DataBase，DB）：存放在计算机存储设备上的数据集合。例如，AdventureWorks 便是一个数据库。数据库一般是在数据库管理系统 DBMS 平台上建立，并由该 DBMS 对数据库的访问进行管理。

Tip8. 数据库应用系统（Database Application System，DBAS）：指使用数据库管理系统

建立的数据库,以及使用高级语言开发工具开发的,对这些数据库信息进行处理和应用的软件程序集合。例如,车票预订系统、图书借阅系统、课表编排系统等。

Tip9. 数据库系统(Database System,DBS):数据库、数据库管理系统以及数据库应用系统统称为数据库系统。

【文献参阅】

Tip10. 有关 SQL Server 2008 安装环境的详细信息可参阅 SQL Server 2008 联机丛书,或访问微软 msdn 网站：http://msdn.microsoft.com/zh-cn/library/ms143506.aspx.

Tip11. 有关 SQL Server 2008 配置管理器的说明,参见如下文献第一章:李文峰,李李,吴观福. SQL Server 2008 数据库设计高级案例教程[M]. 北京:航空工业出版社,2012.

Tip12. 有关 SQL Server 2008 安装和配置的详细知识和更多的练习题目,参见如下文献第一章:Hotek M. SQL Server 2008 实现与维护(MCTS 教程)[M]. 传思,陆昌辉,吴春华,等译. 北京:清华大学出版社,2011.

Tip13. 有关数据库管理系统的理论知识和功能组成,参见如下文献第一章:Silberschatz A,等. 数据库系统概念:第6版[M]. 杨冬青,李红燕,唐世渭,等译. 北京:机械工业出版社,2012.

Tip14. 有关 SQL Server 2008 安装和配置的视频资料,参见如下文献第一章:岳付强,等. 零点起飞学 SQL Server[M]. 北京:清华大学出版社,2013.

Tip15. 系统学习 SQL Server 2008 可使用随机安装的 SQL Server 教程。

实验一：建立数据库开发环境

一、实验目的

1. 学会安装数据库管理系统（SQL Server 2008）。
2. 体验数据库管理系统的环境配置，理解硬件、软件最低配置需求。
3. 了解数据库管理系统的组成与配置。
4. 学习在数据库管理系统上安装附加数据库文件。
5. 培养安装实践中解决系统配置问题的能力。

二、实验任务

1. 按照《数据库系统实践指南》第一章内容，安装数据库管理系统 SQL Server 2008。
2. 记录安装过程中遇到的问题及其解决方案。
3. 撰写实验报告，总结实践经验。

三、实验条件

1. 具有软、硬件最低配置要求的计算机。
2. 正版 SQL Server 2008 安装软件。

四、实验报告格式

1. 封面
2. 报告正文
（1）题目
（2）实验环境
（3）数据库的安装过程与截图
（4）附加数据库的过程与截图
（5）总结数据库管理系统安装经验

第二章 建立数据库

在计算机上安装好一个数据库管理系统软件 DBMS 之后,就可以在 DBMS 提供的开发环境上建立自己的数据库。

本章以数据库管理系统软件 Microsoft SQL Server 2008 的 SQL Server 管理分析器(SQL Server Management Studio, SSMS)为例,说明使用 SQL Server Management Studio 创建新数据库的两种方法(参见第二章温馨小贴士 Tip1):使用 Transact – SQL 语言接口建立数据库和使用图形接口建立数据库。对于数据库系统的应用而言,这两种方法都是必须掌握的基本技术。

2.1 启动 SQL Server Management Studio

在 DBMS 提供的开发环境上建立自己的数据库,首先需要打开自己的开发环境。本小节说明怎样启动数据库管理系统软件 Microsoft SQL Server 2008 的数据库开发环境——SQL Server 管理分析器(SQL Server Management Studio, SSMS)。

在资源管理器的程序菜单中选择 Microsoft SQL Server 2008 R2,再选中 SQL Server Management Studio,如图 2.1 所示。

图 2.1 程序菜单中的 SQL Server 2008 R2

点击"SQL SERVER Management Studio"后，出现 SQL Server Management Studio 的数据库引擎服务器连接界面，如图 2.2 所示。创建数据库时必须拥有相应的权限，SQL Server 2008 的数据库分为系统数据库和用户数据库。用户启动 SSMS，并以 Windows 身份验证模式登录后，就可以在 SSMS 面板上看到自己的登录名，其服务器角色为"sysadmin"。此时，用户就拥有了创建用户数据库的权限。

图 2.2　SQL Server Management Studio 的数据库引擎服务器连接界面

点击"连接"按钮，建立 SQL Server Management Studio 与 SQL Server 2008 数据库引擎服务器的连接，连接建立后的 SQL Server Management Studio 操作界面显示如图 2.3 所示。此时，用户就拥有了建立数据库的开发环境和权限（参见第二章温馨小贴士 Tip2）。

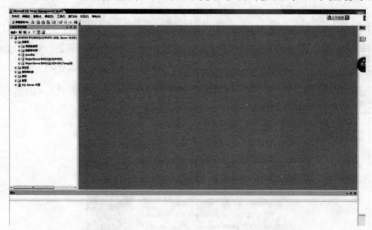

图 2.3　SQL Server Management Studio 的操作界面

进入图 2.3 所示的 SQL Server Management Studio 操作界面后，就可以右键点击图 2.3 界面左上角，查看该环境具有的系统数据库内容和用户数据库内容。

2.2　使用 Transact – SQL 语句建立和修改数据库

本节说明如何通过使用 SQL Server Management Studio 提供的 Transact – SQL 语言接口建立新的数据库。

2.2.1 创建新的数据库

创建新数据库的 SQL 语句格式如下所示。语句格式中大写的是 SQL 语言的关键字；中括号里的内容是可选的命令；大括号中是用户自定义内容(后续命令均遵循此格式)。

CREATE DATABASE [dbname]
[[authorization] Authorization]
{SchemaElementDefinition}

在 SQL Server Management Studio 中建立新的数据库，首先要确定新数据库的名称、所有者、大小，以及存储该数据库的文件和位置(参见第二章温馨小贴士 Tip3)。

例 2-1　在 D 盘下的 data 文件夹中建立一个命名为"practice"的数据库。

在本例中，首先检查 D 盘中是否有 data 文件夹存在，若文件夹不存在，则需要在 D 盘中先建立 data 文件夹。然后，右键点击图 2.3 界面左上角最顶端，出现菜单，在菜单中点击选择"新建查询"按钮，则屏幕右侧出现 Transact－SQL 语言接口界面。在 Transact－SQL 语言接口界面中输入如图 2.4 所示的建立数据库 SQL 命令语句后，点击界面上方工具栏中的"执行"按钮，即可完成新数据库"practice"的创建工作。

SQL 命令语句执行成功后，右击图 2.4 界面左部的"数据库"节点，选择"刷新"命令，刷新后就可以看见图 2.4 中数据库的目录下面出现了名为"practice"的新节点，说明数据库已经建立好了。

图 2.4　建立数据库的 SQL 命令语句

定义了一个用户数据库，事实上就是为用户定义了一个可存储数据的、命名的存储空间。对于关系数据库而言，数据是存储在表中的，因此，还需要为用户数据库进一步建立可存储不同类型数据的表。

2.2.2 创建表与定义完整性约束

在关系数据库中，表是存储数据的基本结构，一张表表示了表中各属性之间的关系。关系数据库中实际存储数据的二维表称为基本表，简称为表。如图 2.5 所示是一个名为"EMPLOYEE"的基本表。表的第一行称作表头，说明了数据的语义；表中的每一行称作一条记录，亦称一个元组，描述了一个职员的个人信息；表中一列称作属性，描述了相应数据的属性值。

EMPLOYEE	FirstName	Surname	Dept	Office	Salary	City
	Mary	Brown	Administration	10	45	London
	Charles	White	Production	20	36	Toulouse
	Gus	Green	Administration	20	40	Oxford
	Jackson	Neri	Distribution	16	45	Dover
	Charles	Brown	Planning	14	80	London
	Laurence	Chen	Planning	7	73	Worthing
	Pauline	Bradshaw	Administration	75	40	Brighton
	Alice	Jackson	Production	20	46	Toulouse

图 2.5 名为"EMPLOYEE"的基本表

为一个数据库创建新表的 SQL 语句格式如下所示：
CREATE TABLE tablename
（attribute1name domain ［defaultValue］［constraints］,
Attribute2name domain ［defaultValue］［constraints］,
…
［other constraints］）

在创建新表时可定义数据的完整性约束，以便自动进行数据检查，以保证数据库运行过程中数据的语义正确性。数据的完整性约束就仿佛是数据的"监察员"，在数据库运行过程中只要数据有变化就会自动检查是否满足完整性约束，从而保证了数据库运行过程中数据的质量。

在一个表中可定义的数据完整性约束主要有主键约束（primary key）、空值约束（null）、默认值约束（default）、唯一值约束（unique）、检查约束（check）和外键约束（foreign key）。在表和表之间建立的完整性约束包括断言约束（assertion）、外键约束（foreign key）和触发器（参见第二章温馨小贴士 Tip11）。

例 2 - 2 为"practice"数据库建立一个名为"DEPARTMENT"的新表，该表包含三个属性：DeptName、Address 和 City，其数据类型均为可变长字符串，最大长度分别为 100、100 和 50（参见第二章温馨小贴士 Tip5），该表中 DeptName 属性需定义主键约束和非空约束。

在 Transact - SQL 语言接口界面中输入如图 2.6 所示的建立表的 SQL 命令语句后，点击界面上方工具栏中的"执行"按钮，即可完成新表"DEPARTMENT"的创建工作。

```
use practice
create table DEPARTMENT
(DeptName varchar(100)   not null primary key,
 Address varchar(100)   ,
 City varchar(50)
)
```

图 2.6　建立表"DEPARTMENT"的 SQL 命令语句

例 2-3　为"practice"数据库建立一个名为"EMPLOYEE"的新表，该表包含六个属性：FirstName、Surname、Dept、Office、Salary 和 City，其中，FirstName、Surname 和 Dept 的数据类型均为可变长字符串，最大长度分别为 50、50 和 100，取值不可为空值；Office 和 Salary 的数据类型均为整数，且 Salary 的省缺值为"0"；City 为可变长字符串，最大长度为 50。该表中定义检查约束[Salary]>0；Dept 是外键，参照"DEPARTMENT"表的 DeptName 属性。

在 Transact-SQL 语言接口界面中输入如图 2.7 所示的建立表的 SQL 命令语句后，点击界面上方工具栏中的"执行"按钮，即可完成新表"EMPLOYEE"的创建工作。

```
use practice
create table EMPLOYEE
(FirstName varchar(50)   not null,
 Surname varchar(50)   not null,
 Dept varchar(100) not null,
 Office int ,
 Salary int default 0,
 City varchar(50)
 primary key (FirstName,Surname),
 CHECK    ([Salary]>(0)),
 FOREIGN KEY([Dept])
 REFERENCES DEPARTMENT  ([DeptName])
)
```

图 2.7　建立表"EMPLOYEE"的 SQL 命令语句

例 2-2 和例 2-3 分别建立了"DEPARTMENT"表和"EMPLOYEE"表。此时，右击图 2.4 界面左部"数据库"节点下的"practice"用户数据库，就可以看见"practice"数据库的目录下出现了名为"DEPARTMENT"和"EMPLOYEE"的基本表。基本表是存放实际数据的表，建立基本表后，用户就可以通过操作界面录入数据了。

2.2.3　数据的录入与更新

Transact-SQL 语言通过"INSERT"命令实现数据库的数据录入（参见第二章温馨小贴士 Tip4）。

"INSERT"语句格式如下：
INSERT INTO "表格名"　VALUES（"值 1"，"值 2"，…）；

例 2-4　为"practice"数据库的"DEPARTMENT"和"EMPLOYEE"表分别录入如图 2.8 所示数据。

EMPLOYEE	FirstName	Surname	Dept	Office	Salary	City
	Mary	Brown	Administration	10	45	London
	Charles	White	Production	20	36	Toulouse
	Gus	Green	Administration	20	40	Oxford
	Jackson	Neri	Distribution	16	45	Dover
	Charles	Brown	Planning	14	80	London
	Laurence	Chen	Planning	7	73	Worthing
	Pauline	Bradshaw	Administration	75	40	Brighton
	Alice	Jackson	Production	20	46	Toulouse

DEPARTMENT	DeptName	Address	City
	Administration	Bond Street	London
	Production	Rue Victor Hugo	Toulouse
	Distribution	Pond Road	Brighton
	Planning	Bond Street	London
	Research	Sunset Street	San José

图 2.8　表"DEPARTMENT"和"EMPLOYEE"的数据

在 Transact-SQL 语言接口界面中输入如图 2.9 所示的"INSERT"命令语句后，点击界面上方工具栏中的"执行"按钮，即可完成"DEPARTMENT"表的数据录入工作。

"EMPLOYEE"表的数据录入与此类似，此处不再赘述。

```
use practice
go

insert into DEPARTMENT values( 'Adminster', 'Bond Street',' London');
insert into DEPARTMENT values( 'Distribution',  'Pond Road','Brighton');
insert into DEPARTMENT values( 'Planning',  'Bond Street',' London');
insert into DEPARTMENT values( 'Production',    'Rue Victor Hugo','Toulouse');
insert into DEPARTMENT values( 'Research',   'Sunset Street','San Jose');
```

图 2.9　"INSERT"命令语句

SQL 数据的更新语句包括 INSERT(增)、UPDATE(改)和 DELETE(删)。

Transact-SQL 语言通过"UPDATE"命令实现数据库的数据修改。UPDATE 语句的命令格式为：

UPDATE"表格名"

SET"结果"

WHERE"条件"

例 2-5　将"practice"数据库的"DEPARTMENT"表中部门名为"Planning"的部门地址修改为"Sunset Street"。

在 Transact-SQL 语言接口界面中输入如图 2.10 所示的"UPDATE"命令语句后，点击界面上方工具栏中的"执行"按钮，即可在"DEPARTMENT"表中修改部门名为"Planning"的数据记录，将其地址更新为"Sunset Street"。

```
use practice

update DEPARTMENT
set Address='Sunset Street'
where DepName='Planning'
```

图 2.10 "UPDATE"命令语句

Transact – SQL 语言通过"DELETE"命令实现数据库的数据删除。DELETE 语句的命令格式为：

DELETE
FROM "表格名"
WHERE "条件"

例 2 – 6 为"practice"数据库的"DEPARTMENT"表删除部门名为"Planning"的部门。

在 Transact – SQL 语言接口界面中输入如图 2.11 所示的"DELETE"命令语句后，点击界面上方工具栏中的"执行"按钮，即可在"DEPARTMENT"表中删除部门名为"Planning"的数据记录。

```
use practice

delete
from DEPARTMENT
where DepName='Planning'
```

图 2.11 "DELETE"命令语句

使用上述三个数据更新命令，就可以对所建立的数据库基本表进行操作，实现数据的录入和更新。

2.2.4 创建视图

一般而言，数据库的建立是为了多个应用或多个用户共享数据。让所有用户都看到所有基本表中的内容显然是不合适的，操作效率也较低。出于数据安全考虑，数据库设计者或数据管理员通常为不同权限的用户建立相应的视图，这样既保护了数据安全，又提高了工作效率。

视图是一个虚拟表，其内容是通过 SQL 查询语句生成的临时表。视图与基本表的关系如图 2.12 SQL 数据库的体系结构所示。视图一旦建立，在查询的使用过程中与基本表完全一样。这样通过为不同用户建立不同的视图，既方便用户使用，又可保障数据安全(参见第二章温馨小贴士 Tip12)。

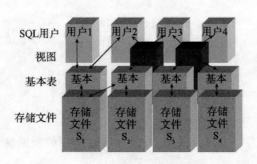

图 2.12　SQL 数据库的体系结构

为一个数据库创建视图的 SQL 语句格式如下所示：
CREATE VIEW
[< database_name > .] [< owner > .]
view_name[(column[,…n])]
[WITH < view_attribute > [,…n]]
AS
SELECT_statement
[WITH CHECK OPTION]

例 2 - 7　为"practice"数据库建立一个名为"VIEW_4"的视图。

在 Transact - SQL 语言接口界面中输入如图 2.13 所示的建立视图的 SQL 命令语句后，点击界面上方工具栏中的"执行"按钮，即可完成视图"VIEW_4"的创建工作。

```
USE [practice]
GO

CREATE VIEW [View_4]
AS
SELECT    dbo.Employee.FirstName, dbo.Employee.Surname, dbo.Employee.Dept
FROM      dbo.DEPARTMENT INNER JOIN
          dbo.Employee ON dbo.DEPARTMENT.DeptName = dbo.Employee.Dept
GO
```

图 2.13　建立视图"VIEW_4"的 SQL 命令语句

由上例可见，视图是通过查询语句建立的临时表，而查询语句的使用方法参见第三章。

2.2.5　创建索引

建立索引的目的在于高效地查询数据。例如，在人口普查数据中经常使用身份证号查询一个人的信息，如果针对人口表中的"身份证号"属性建立了索引，则 DBMS 就不需要每次读取全部的人口数据记录来查找特定身份证号的人员信息，而是通过索引直接定位到特定身份证号对应的记录。索引可建立在一个属性上，也可建立在多个属性形成的集合上。

建立索引可提高数据查询速度和数据的操作效率。SQL 提供两种形式的索引：聚集索引（CLUSTERED）和非聚集索引（NONCLUSTERED）。聚集索引是根据键的值对表的行进行排序，因此，每个表只能有一个聚集索引。非聚集索引不根据键值排序，索引数据结构与数据行是分开的。非聚集索引的查询速度低于聚集索引（参见第二章温馨小贴士 Tip13）。

下列情况适合建立索引：①经常在 where 子句中出现的属性；②在 order by 子句中出现的属性；③外键或主键属性；④值唯一的属性。

创建视图的 SQL 语句格式如下所示：
CREATE［UNIQUE］［CLUSTERED|NONCLUSTERED］
INDEX index_name
ON table_name（column_name…）
［WITH FILLFACTOR = x］

例 2 - 8 为"practice"数据库的"EMPLOYEE"表的属性名"Dept"建立索引"department"。

在 Transact - SQL 语言接口界面中输入如图 2.14 所示的建立索引的 SQL 命令语句后，点击界面上方工具栏中的"执行"按钮，即可完成表"EMPLOYEE"的属性名"Dept"上索引"department"的创建工作。

```
USE [practice]
GO

CREATE NONCLUSTERED INDEX [department] ON [dbo].[EMPLOYEE]
(
    [Dept]
)
```

图 2.14　建立索引"department"的 SQL 命令语句

已建立的索引，也可通过"DROP"命令语句进行删除。

2.2.6　数据库备份

重要的数据必须创建多个数据库副本，必须异地备份（备份介质离站存储），这是数据库管理的"金玉良言"。

数据库备份是从数据库中保存数据和日志，以备将来使用（参见第二章温馨小贴士 Tip6）。备份的操作就是将数据从数据库中复制并保存至另外一个位置，因此，用户在使用逻辑备份设备进行数据库备份之前，要先创建一个用来保存数据库备份的逻辑备份设备，然后再执行复制操作。

语句格式如下所示：

(1)创建备份数据的设备(device)

USE master

EXEC sp_addumpdevice‘disk’,‘备份设备名’,‘路径和文件名’。

(2)进行数据库备份

BACKUP DATABASE 数据库名 TO 备份设备名。

例 2-9　在 D 盘的 data 文件夹中为“practice”数据库建立一个备份文件“BK_practice”。

在 Transact-SQL 语言接口界面中输入如图 2.15 所示的命令语句后，点击界面上方工具栏中的“执行”按钮，即可完成数据备份工作。

```
SQLQuery1.sql - LENOVO-PC\...\L...5))*
--- 创建 备份数据的 device
USE master
EXEC sp_addumpdevice 'disk', 'BK_practice', 'd:\data\BK_practice'
--- 开始 备份
BACKUP DATABASE practice TO BK_practice
```

图 2.15　“BACKUP”命令语句

2.2.7　数据库恢复

当数据库的属性选择了“恢复模式”，则 SQL Server 2008 的事务日志将记录数据操作的步骤和处理过程，为今后的数据库备份和恢复建立基础(参见第二章温馨小贴士 Tip6)。

例 2-10　使用 D 盘的 data 文件夹中的备份文件“BK_ practice”恢复“practice”数据库。

在 Transact-SQL 语言接口界面中输入如图 2.16 所示的命令语句后，点击界面上方工具栏中的“执行”按钮，即可完成数据库恢复工作。

在该操作中，from 关键字指定了备份文件名，通过 with file=1 来指定选择备份文件的第一个备份集，并通过 replace 关键字来覆盖现有数据库，最后通过 MOVE…TO 来指定将不同的数据文件和日志文件放到指定的位置上。

```
restore database practice
from BK_practice
with file=1,replace,
move 'practice' to 'd:\data\practice.mdf',
move 'practice_log' to 'd:\data\practice_log.ldf'
GO
```

图 2.16　数据库恢复命令语句

2.2.8　数据库更改

数据库更改有多种方式，如重命名、修改表、删除表、删除数据库等(参见第二章温馨小贴士 Tip7）。

1. 重命名数据库

语句格式如下：
SP_RENAMEDB 'dbname1', 'dbname2'

在 Transact – SQL 语言接口界面中输入如图 2.17 所示的命令语句后，点击界面上方工具栏中的"执行"按钮，即可完成数据库重命名工作。

图 2.17　数据库重命名命令语句

在用 Transact – SQL 语句重命名数据库时，可能会出现"无法用排他锁锁定该数据库，以执行该操作"这个报错提示。这时，我们要确保没有任何用户正在使用该数据库，然后将数据库设置为单用户模式。

如图 2.18 所示，右击"practice"数据库，选择"属性"，在"选项"条目中，将"限制访问"的值改为"SINGEL_USER"，"确定"该项设置之后，再执行图 2.17 的 Transact – SQL 语句。

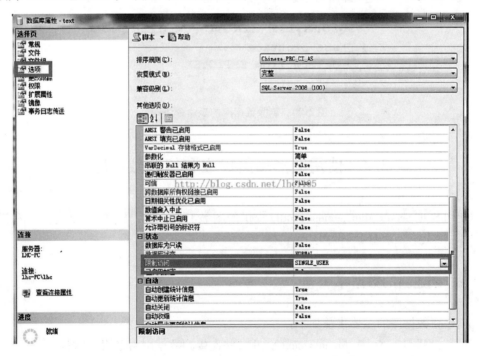

图 2.18　设置"practice"数据库的属性

2. 删除数据库

语句格式如下：
DROP DATABASE dbname

在 Transact-SQL 语言接口界面中输入如图 2.19 所示的命令语句后，点击界面上方工具栏中的"执行"按钮，即可完成删除数据库工作。值得注意的是，删除一个数据库将删除该数据库中包含的所有表及其数据，即数据库的所有信息都不存在。该命令务必慎重使用。

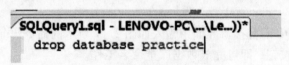

图 2.19　删除数据库命令语句

3. 删除数据库中的表

语句格式如下：

USE dbname

DELETE FROMtbname

在 Transact-SQL 语言接口界面中输入如图 2.20 所示的命令语句后，点击界面上方工具栏中的"执行"按钮，即可完成删除数据库中表的工作。该命令删除了相关数据库中一张表的所有数据内容（即所有记录），但表还存在。

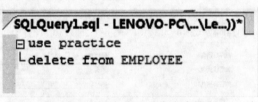

图 2.20　删除数据库的表命令语句

2.3　使用图形工具建立和修改数据库

使用 SQL Server Management Studio 提供的图形工具，可以方便、快捷地建立和操作数据库（参见第二章温馨小贴士 Tip8）。

2.3.1　创建新的数据库

创建新数据库的主要步骤如下：

［1］打开 SQL Server Management Studio，并连接到数据库引擎服务器；

［2］在"对象资源管理器"窗口中，右击"数据库"节点，再在弹出的快捷菜单中选择"新建数据库"命令，打开"新建数据库"对话框；

［3］在"数据库名称"文本框中输入 practice，单击"路径"列文本框旁边的按钮，打开"定位文件夹"对话框，分别定位数据文件和日志文件的存储路径为"D:\data"，即完成最基本的数据库创建操作（当然也可以使用默认路径），如图 2.21 所示。

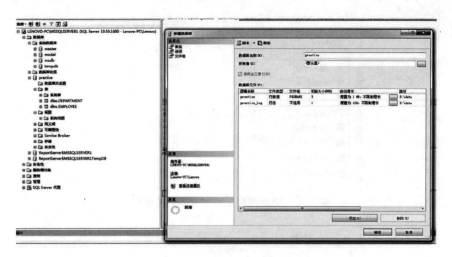

图2.21 使用图形工具建立数据库

2.3.2 创建表与定义完整性约束

创建表的主要步骤如下：

［1］打开SQL Server Management Studio，并连接到数据库引擎服务器；

［2］在"对象资源管理器"窗口中，展开"数据库"节点，再展开"Practice"节点；

［3］右击"表"节点，选择"新建表命令"；

［4］输入如图2.22所示，然后右击图中标红的选项卡，选择"保存"命令，并输入该表的名称，完成了创建表的操作。

建表过程中还可对表定义完整性约束，如主键约束（图2.23）、域约束和空值约束（图2.24）、检查约束（图2.25和图2.26）等，完整性约束定义完成后的表结构，如图2.27所示。

图2.22 使用图形工具建立数据库的表

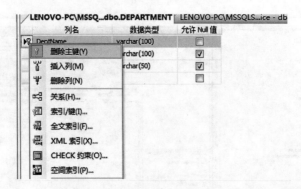

图 2.23 使用图形工具定义表的主键约束

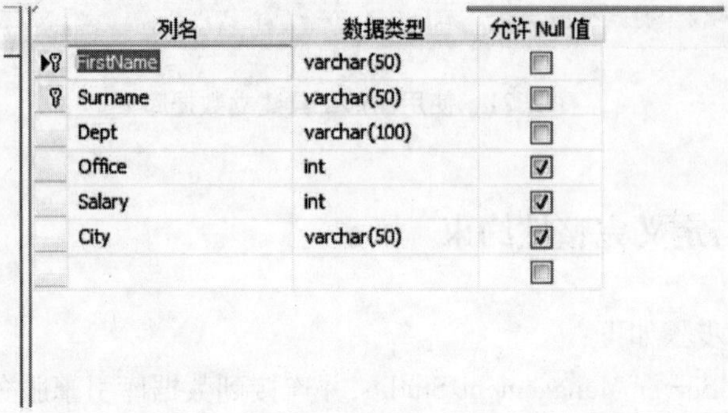

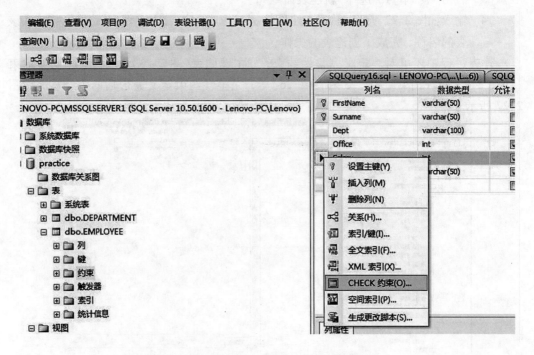

图 2.24 使用图形工具定义表的域约束和空值约束

图 2.25 使用图形工具定义表的检查约束

第二章 建立数据库

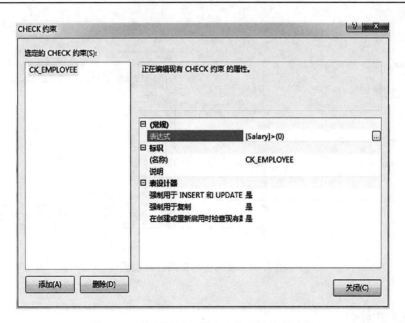

图 2.26 使用图形工具定义检查约束的内容

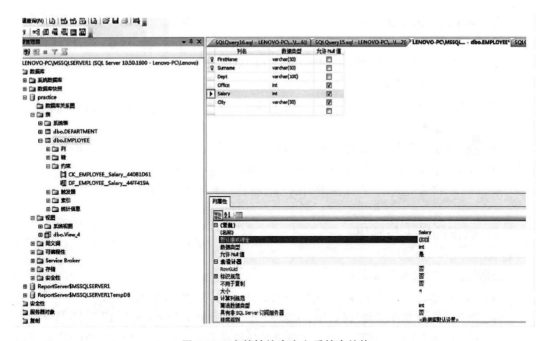

图 2.27 完整性约束定义后的表结构

2.3.3 创建视图

使用图形工具创建视图的方法如图 2.28 所示。

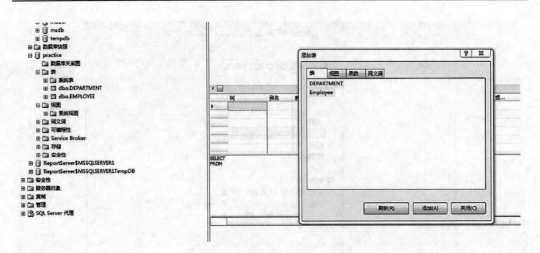

图 2.28　使用图形工具创建视图

2.3.4　创建索引

创建索引的主要步骤如下：

［1］打开 SQL Server Management Studio,并连接到数据库引擎服务器；
［2］在"对象资源管理器"窗口中，依次展开"数据库"| Practice |"表"|"EMPLOYEE"节点；
［3］右击"索引"节点，在弹出的快捷菜单中选择"新建索引"命令，打开"新建索引"对话框；
［4］在"索引名称"文本框中，输入"department"；
［5］单击"添加"按钮，打开"选择列"对话框，并选择"Dept"列；
［6］单击"确定"按钮，完成该索引的创建操作，如图 2.29 所示。

2.3.5　数据的导入与导出

数据导入的主要步骤如下：

［1］打开 SQL Server Management Studio,并连接到数据库引擎服务器；
［2］在"对象资源管理器"窗口中，依次展开"数据库"| Practice |"表"节点；
［3］右击"DEPARTMENT"节点，在弹出的快捷菜单中，选择"编辑前 200 行"命令；
［4］在图 2.30 中，输入数据，关闭该窗口前记得保存，便完成了该表数据的插入。
　　数据导出到 excel 表的主要步骤如下：
［1］打开 SQL Server Management Studio,并连接到数据库引擎服务器；
［2］在"对象资源管理器"窗口中，展开"数据库"节点；
［3］右击"Practice"节点，在弹出的快捷菜单中，选择"task|Export Data"命令；
［4］在 Data Source 选项框中选择"SQL Server Native Client 10.0"，并单击"Next"

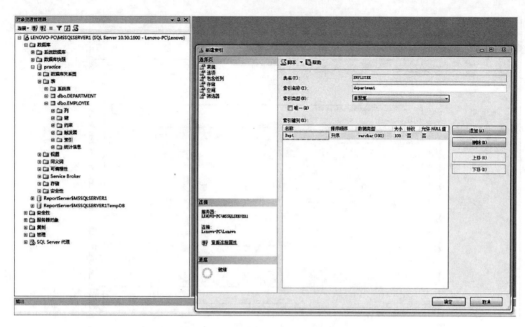

图2.29 使用图形工具建立索引

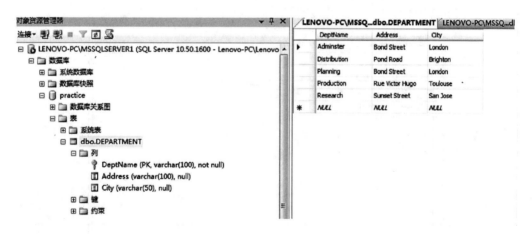

图2.30 使用图形工具录入数据

按钮；

[5] 在 Destination 选项框中选择"Microsoft Excel"，单击"Browse"按钮，选择导出的 excel 文件的位置，并输入文件名，如"practice"，再单击"Next"按钮，如图2.31 所示；

[6] 进入下一个界面时只需单击"Next"按钮，进入到图2.32 的界面，并选中想要导出的表，如"DRIVER"表，再单击"Next"按钮；

[7] 进入下一个界面时只需单击"Next"按钮，最后再单击"finish"按钮，即完成数据的导出，进入图2.33 的界面。

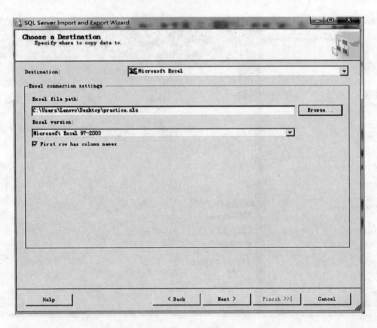

图 2.31　选择导出路径并给文件命名

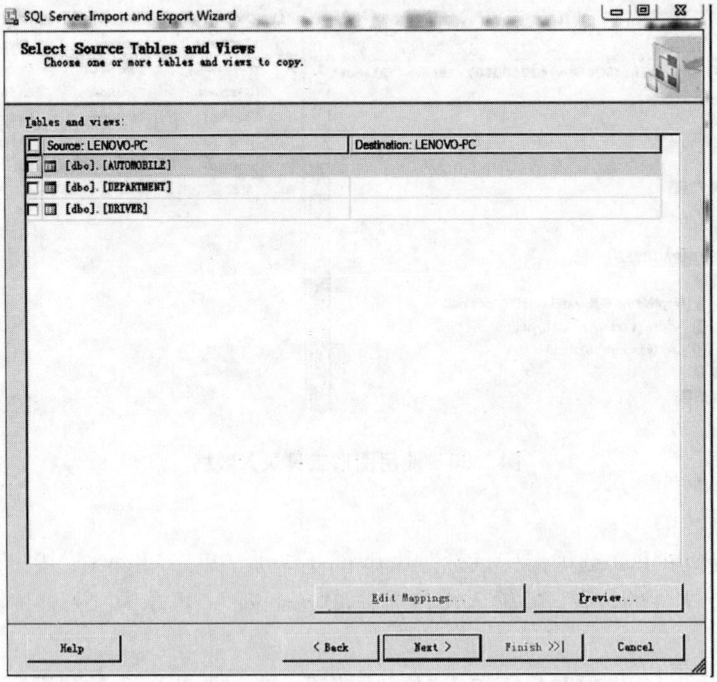

图 2.32　选择导出数据库中的表

图 2.33 导出成功的界面

2.3.6 数据库备份

数据库备份首先要创建一个用来保存数据库备份的逻辑备份设备，然后再执行数据库复制操作。

建立用来保存数据库备份的逻辑备份设备的主要步骤如下：

［1］打开 SQL Server Management Studio，并连接到数据库引擎服务器；

［2］在"对象资源管理器"窗口中，展开"服务器对象"节点；

［3］右击"备份设备"选项，在弹出的快捷菜单中，选择"新建备份设备"命令，打开"备份设备"对话框，在"设备名称"文本框中输入 BK_practice，在"目标"选项组中的"文件"文本框中添加新建设备的路径和文件名称 D：\backup\BK_practice；

［4］单击"确定"按钮，便完成了逻辑备份设备 BK_practice 的创建操作。

完成创建一个用来保存数据库备份的逻辑备份设备后，再执行备份操作，其操作如下：

［1］打开 SQL Server Management Studio，并连接到数据库引擎服务器；

［2］在"对象资源管理器"窗口中，展开"数据库"节点；

［3］右击 practice 数据库，在弹出的快捷菜单中选择"任务|备份"命令，打开"备份数据库"对话框，选择"完整"类型，在"备份组件"选项中，选择"数据库"单选按钮；

［4］在"源"选项区域的"数据库"复选框中，选择 practice 数据库。在"备份类型"下拉列表框中，选择"完整"类型，在"备份组件"选项中，选择"数据库"单选按钮；

［5］在"备份集"选项区域中，可以为该设备集指定一个名称，并添加一些有实际意义的说明；

［6］在"目标"选项区域中，指定要备份到的设备，包括"磁盘"和"磁带"两种设备；

［7］单击"确定"按钮，完成该备份操作，如图2.34所示。

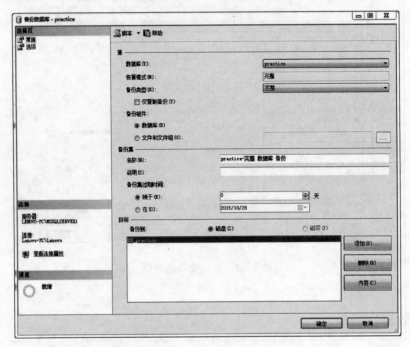

图2.34 使用图形工具建立数据库备份

2.3.7 数据库的恢复

数据库恢复的主要步骤如下：

［1］打开SQL Server Management Studio，并连接到数据库引擎服务器；

［2］在"对象资源管理器"窗口中，展开"数据库"节点；

［3］右击practice数据库，在弹出的快捷菜单中选择"任务|还原"命令，打开"还原数据库"对话框，默认选择"常规"选项；

［4］在"还原的目标"选项框的"目标数据库"复选框中，选择practice数据库；

［5］在"还原的源"选项框中，选择"源设备"选项。然后单击右侧的按钮，打开"指定备份"对话框。在"备份介质"下拉列表框中选择"备份设备"选项，单击"添加"按钮，找到BK_practice备份设备，如图2.35所示；

［6］单击"确定"按钮，返回"还原数据库"对话框；

［7］在"选择用于还原的备份集"列表框中，勾选第一个完整的备份集；

［8］单击"确定"按钮，完成该还原操作，如图2.36所示。

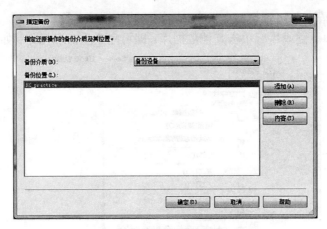

图 2.35　使用图形工具指定数据库备份

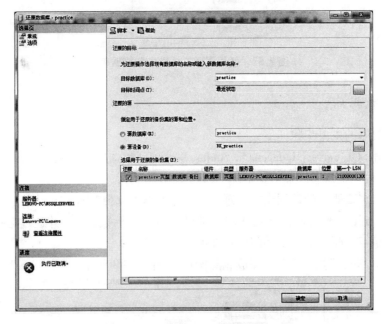

图 2.36　使用图形工具恢复数据库

2.3.8　数据库的更改

本小节说明数据库更改的基本操作。

1. 数据库重命名

数据库重命名的主要步骤如下：
[1] 打开 SQL Server Management Studio,并连接到数据库引擎服务器；
[2] 在"对象资源管理器"窗口中,展开"数据库"节点；
[3] 右击想要删除的数据库,在弹出的快捷菜单中选择"重命名"命令；

［4］在数据库名的可编辑文本框中，输入新的数据库名称；
［5］按下 enter 键或鼠标单击其他数据库，即可完成重命名操作，如图 2.37 所示。

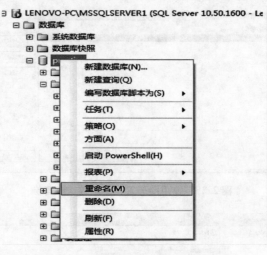

图 2.37　使用图形工具重命名数据库

2. 删除数据库

删除数据库的主要步骤如下：
［1］打开 SQL Server Management Studio，并连接到数据库引擎服务器；
［2］在"对象资源管理器"窗口中，展开"数据库"节点；
［3］右击想要删除的数据库，在弹出的快捷菜单中选择"删除"命令；
［4］在打开的"删除对象"对话框中，确认是否为目标数据库，并通过选择复选框决定是否要删除备份及关闭已存在的数据库连接；
［5］单击"确定"按钮，即可完成删除操作，如图 2.38 所示。

图 2.38　使用图形工具删除数据库

3. 删除数据库中的表

删除数据库的表的主要步骤如下：

［1］打开 SQL Server Management Studio，并连接到数据库引擎服务器；

［2］在"对象资源管理器"窗口中，展开"数据库|practice|表|"节点；

［3］右击想要删除的数据库的表，在弹出的快捷菜单中选择"删除"命令；

［4］在打开的"删除对象"对话框中，确认是否为目标数据库表；

［5］单击"确定"按钮，即可完成删除操作，如图 2.39 所示。

图 2.39　使用图形工具删除数据库的表

温馨小贴士

【经验之谈】

Tip1. 使用 Transact-SQL 语言接口和图形接口两种方式都可以建立数据库。初学者会觉得图形接口方式更容易，但是，对于初学者而言，两种方式都要训练。其主要原因在于两个方面：其一是因为当应用程序访问数据库时，只能使用 Transact-SQL 语言接口的 SQL 语句编写访问数据库的程序代码；另一方面，训练使用 Transact-SQL 语言接口的 SQL 语句可帮助初学者理解 SQL 语言标准和编程技巧。

Tip2. 创建数据库时必须拥有相应的权限。SQL Server 2008 的数据库分为系统数据库和用户数据库。系统数据库记录了 SQL Server 必需的信息，用户不能直接修改这些系统数据库，例如，SQL Server 2008 包含的系统数据库有 master、model、msdb、tempdb 和 Resource。用户启动 SSMS，并以 Windows 身份验证模式登录后，就可以在 SSMS 面板上看到自己的登录名，其服务器角色为"sysadmin"，然后，就拥有了创建用户数据库的权限。新创建的数据库其自动映射的数据库用户名为 dbo；dbo 用户的默认数据库角色为 db_owner，默认架构为 dbo。创建数据库的用户即为数据库的拥有者，有权为其他用户分配数据库使用权限。

Tip3. 数据库文件的大小主要从数据和索引两部分占有的空间来估算，其中，数据占用的空间 = $\sum$（每个表的最大记录数）×（每条记录的字节数）；索引一般分为聚集索引和非聚集索引，聚集索引占用的空间约为（数据占用的空间）×1%，非聚集索引占用的空间约为（数据占用的空间）×15%。

Tip4. 数据的录入和导出是数据库管理员需掌握的基本技能之一。SQL Server 2008 的数据导入和导出根据数据规模的大小可大致分为如下三类：①以数据记录形式录入数据，可采用"INSERT"命令或使用图形工具录入；②以数据文件形式将数据导入数据库，或将数据库数据导出到文件中，可采用批量复制命令 BCP 或 BULK INSERT 命令；③如果是大规模数据导入，例如从 Microsoft Access 数据库、Microsoft office excel、XML 文件等，将多个表或文件中的数据导入到 SQL Server 2008 的数据库中，则可在 SQL Server Management Studio 中使用数据导入和导出向导，实现数据的移动或复制。

Tip5. SQL Server 2008 中的系统数据类型十分丰富，包括精确数字（如整数类型、bit 类型、decimal 数值类型、numeric 数值类型、money 货币类型、smallmoney 货币类型）；科学计数法（如 float 类型和 real 类型）；二进制字符串（如 binary、varbinary 和 image）；Unicode 字符串（如 nchar、nvarchar 和 ntext）；日期和时间类型 [如 datetime、smalldatetime、date、time(n)、datetime2(n) 和 datetimeoffset(n)]；字符数据类型（如 char [(n)]、varchar [(n)]、varchar(max) 和 text）；其他数据类型（如 sql_variant、table、timestamp、uniqueidentifier、xml、cursor、hierarchyid、geography 和 geometry）。

数据类型的使用注意以下几点：①了解数据类型的使用说明，合适的数据类型选择可大大节省数据的存储空间;②数据库的数据类型与编程语言的数据类型有很大不同,当应用程序访问数据库时应注意二者之间的数据类型转换,否则,可能引起数据库访问失败;③数据库的数据一般需要长期存储,尽可能避免使用 ntext、text 和 image 三种数据类型,它们在未来的版本中可能会取消,可将其分别换作 nvarchar(max)、varchar(max) 和 varbinary(max)。

Tip6. SQL Server 2008 允许用户创建四种不同的数据库备份:完整备份(Full)、差异备份(Differential)、事务日志(Transaction log)和文件组(Filegroup)。数据库的完整备份可能消耗大量的时间和空间,差异备份可和完整备份配套使用,仅记录上次完整备份后的所有已变化的数据区;事务日志备份也与完整备份配套使用,在执行一次完整备份后,就可以对数据库的每一次更改建立事务日志的一个条目,以备恢复之需;文件组允许对数据库的一部分进行备份。

Tip7. 数据库更改必须十分慎重,需仔细阅读更改命令,不同命令的效果不同,以防误操作导致数据丢失。

Tip8. 一般情况下,数据库的开发人员和管理员都是使用 SQL Server Management Studio 提供的图形工具建立和操作数据库,这样十分快捷方便,但应用程序访问数据库时必须使用 Transact-SQL 语句。

【理论指导】

Tip9. 关系数据库(Relational Database):关系数据库是基于数据的关系模型而建立的数据库。关系模型是通过表的集合来表示数据以及数据之间的联系。因此,关系数据库是由表的集合构成的,每一个表都有唯一的标识,代表特定的数据语义。

Tip10. 表(Table):在关系数据库中,表是存储数据的基本结构,一张表表示了表中各属性之间的关系,而表中的一行则代表了该关系的一个实例。例如,"学生"表包含"学号""姓名""年龄""民族""籍贯""年级"等属性;而具体的一个学生"张明"的信息则表示为表中的一行:(2013050347,张明,20,汉族,湖北,3年级)。

Tip11. 完整性约束(Integrity Constraints):为保证数据语义的正确性,数据库在创建一张新表时需定义数据的完整性约束。数据的完整性约束就仿佛是数据的"监察员",在数据库运行过程中,只要数据有变化就会自动检查是否满足完整性约束,从而保证了数据的质量。

一般的商用 DBMS,在一个表中通常可定义如下几种数据完整性约束。

(1)域约束(Domain Constraint):数据库表的每一个属性都必须定义一个取值范围,如整数型数据、字符型数据、日期、时间等。

(2)主键约束(Primary Key):数据库中的每一个表能且仅能定义一个主键约束;主键包含的所有属性值不能为空(Not Null);数据库管理系统自动为主键的属性集建立索引,用户可选择索引类型。

(3)空值约束(Not Null):说明表中某一属性的值能否为空值。

(4)默认值约束(Default):说明当应用程序未提供表中某一属性值时,系统自动添加的值。

(5)唯一值约束(Unique):说明在非主键属性集上不出现重复的值,例如,表的候选键需要可定义唯一值约束,它与主键约束的区别在于可为空。

(6)检查约束(Check):说明属性值应满足的条件,是最通用的属性值约束检查形式。

DBMS在表和表之间通常可建立的完整性约束包括:

(7)参照完整性约束(Referential Integrity):主要指外键约束,即一个表中某些属性集中的取值必须出现在另一个表的主键的取值中,这里要求属性集在前一张表中定义为外键,而在被参照的表中该属性集被定义为主键。SQL语言标准也提供了放宽的约束,例如,属性集在被参照的表中不是主键,而是候选键(即unique约束)。

(8)断言约束(Assertion):说明数据库必须满足的条件,使用断言要特别谨慎,检测计算代价很大,实际系统通常以触发器形式代替。

(9)触发器(Trigger):说明数据库被修改时,系统自动执行的动作,是数据完整性约束常用的方法。

Tip12. 视图(View):视图是一个虚拟表,其内容是通过SQL查询语句生成的临时表,有时也称数据库中实际存储数据的表为基本表。一般而言,数据库的建立是为了多个应用或多个用户共享数据。让所有用户都看到所有基本表中的内容显然是不合适的,操作效率也较低。出于数据安全考虑,数据库设计者或数据管理员通常为不同权限的用户建立相应的视图,这样既保护了数据安全,又提高了工作效率。视图一旦建立,在查询的使用过程中与基本表完全一样。一类特殊的视图称作物化视图(Materialized View),这类视图是将视图关系的查询结果作为一张表存储在系统中,由DBMS负责其数据随着原始基本表中的数据改变而改变。物化视图适合于频繁使用视图的应用,但物化视图的维护需要花费时间和空间代价。

Tip13. 索引(Index):建立索引是加快查询速度的有效手段。用户可以根据应用环境的需要,再基本表上建立一个或多个索引,以提供多种存取路径,加快查找速度。索引是属于物理存储路径的概念,而不是逻辑的概念。在定义关系时,还要定义索引,把数据库的物理结构和逻辑结构混合在一起,以提高查询效率。

索引一般分为顺序索引和散列索引,其中,顺序索引又可进一步分为聚集索引和非聚集索引,聚集索引是指包含记录的数据库文件按照某个搜索键指定的顺序排列,则该搜索键对应的索引称为聚集索引,而搜索键指定顺序与数据库文件中记录的物理存放顺序不同的索引称为非聚集索引。一般情况下,DBMS自动为主键建立聚集索引,因而,聚集索引亦称为"主索引",基本表定义时用户可选择不对主键建立聚集索引。

建立索引虽然可提高查询效率,但也需要额外的存储空间和维护代价。因此,设计者在决策是否建立索引,以及在哪些属性集上建索引时需要考虑以下几个方面的因素:①数据的规模是否很大?通常大数据才值得建索引;②用户的查询具有什么特征?③插入和删除的相对频率如何?通常数据更改频繁的集合不适合建立索引,维护代价较高;④索引或散列组织的周期性维护代价是否可接受?

【文献参阅】

Tip14. 本书仅示例了一些常用的建表操作,有关 SQL Server 2008 建立数据库的详细命令及语法规范,可参阅 SQL Server 2008 联机丛书,或访问微软 msdn 网站:http://msdn.microsoft.com/zh-cn/library/.

Tip15. 有关数据库建立的 SQL 语言详细资料与实践习题,参见如下文献第 3~4 章:Silberschatz A,等. 数据库系统概念:第 6 版[M]. 杨冬青,李红燕,唐世渭,等译. 北京:机械工业出版社,2012.

Tip16. 有关 SQL Server 2008 建表中数据类型的详细介绍,参见如下文献第 29-34 页:李文峰,李李,吴观福. SQL Server 2008 数据库设计高级案例教程[M]. 北京:航空工业出版社,2012.

Tip17. 有关 SQL Server 2008 大规模数据导入和导出的详细资料,参见如下文献第 3 章:Hotek M. SQL Server 2008 实现与维护(MCTS 教程)[M]. 传思,陆昌辉,吴春华,等译. 北京:清华大学出版社,2011.

Tip18. 有关 SQL Server 2008 建索引的详细知识和更多的练习题目,参见如下文献第 4~5 章:Hotek M. SQL Server 2008 实现与维护(MCTS 教程)[M]. 传思,陆昌辉,吴春华,等译. 北京:清华大学出版社,2011.

Tip19. 有关 SQL Server 2008 数据库建立的详细视频资料,参见如下文献第 4~6 章:岳付强,康莉等. 零点起飞学 SQL Server[M]. 北京:清华大学出版社,2013.

Tip20. 系统学习 SQL Server 2008 可使用随机安装的 SQL Server 教程。

实验二：数据库的建立及基本的数据定义与操作

一、实验目的

1. 学会使用 SQL Server Management Studio 和对象资源管理器创建数据库、创建基本表、定义完整性约束、定义视图、定义索引等。

2. 学会使用 SQL Server Management Studio 和对象资源管理器向数据库导入和导出数据、修改数据、删除数据等。

3. 学会使用 SQL Server Management Studio 和对象资源管理器备份、恢复、重命名、删除数据库等。

二、实验任务

1. 参照《数据库系统实践指南》第二章内容，按如下要求，创建一个新的数据库。

1.1 创建的实验数据库以学生的姓名拼音命名 xingmingtest，其主数据文件逻辑名为 xingmingtest，物理文件名为 xingmingtest.mdf，初始大小为 10MB，最大尺寸为无限大，增长速度为 1MB；数据库日志文件逻辑名为 xingmingtest_log，物理文件名为 xingmingtest_log.ldf，初始大小为 1MB，最大尺寸为 10MB，增长速度为 10%。

1.2 查看数据库属性，通过权限选项为数据库角色授予插入、创建表、更改、更新、控制、删除、身份验证等不同权限。

2. 使用 SQL Server Management Studio 和对象资源管理器创建数据库表。

2.1 创建表的过程可以自由选择方法：在 SQL Server 2008 中用 SQL 语句创建；在对象资源管理器中右击创建。

2.2 建立下面两个表，用于完成后续的简单查询操作，各关系表的数据结构和说明如下。

EMPLOYEE 表：

列名	数据类型	说明
FirstName	varchar(50)	不允许为空
Surname	varchar(50)	不允许为空
Dept	varchar(100)	不允许为空
Office	int	
Salary	int	年薪，默认值为 0
City	varchar(50)	雇员籍贯

（1）FirstName 和 Surname 共同作为主键；

（2）Salary 的值应大于等于 0；

（3）Dept 列设为外键，与 DEPARTMENT 表的 DeptName 对应；

（4）office 的值应大于 0、小于 3000。

DEPARTMENT 表：

列名	数据类型	说明
DeptName	varchar(100)	部门名称，主键，不为空，值唯一
Address	varchar(100)	地址
City	varchar(50)	部门所在城市

3. 通过企业管理器或查询分析器向数据库中输入数据，具体数据如下图所示。

EMPLOYEE	FirstName	Surname	Dept	Office	Salary	City
	Mary	Brown	Administration	10	45	London
	Charles	White	Production	20	36	Toulouse
	Gus	Green	Administration	20	40	Oxford
	Jackson	Neri	Distribution	16	45	Dover
	Charles	Brown	Planning	14	80	London
	Laurence	Chen	Planning	7	73	Worthing
	Pauline	Bradshaw	Administration	75	40	Brighton
	Alice	Jackson	Production	20	46	Toulouse

DEPARTMENT	DeptName	Address	City
	Administration	Bond Street	London
	Production	Rue Victor Hugo	Toulouse
	Distribution	Pond Road	Brighton
	Planning	Bond Street	London
	Research	Sunset Street	San José

4. 为 xingmingtest 数据库建立一个名为"view_Cities"的视图，该视图包括员工姓、名、办公所在城市、居住所在城市。

5. 为 xingmingtest 数据库的"Employee"表的属性名"Dept"建立索引"department"。

6. 为 xingmingtest 数据库建立一个完整备份，并将其存入 D:\backup\BK_xingmingtest。

7. 记录实验过程中遇到的问题及其解决方案，并在实验任务完成后截图记录实验结果。

8. 撰写实验报告，总结实践经验。

三、实验条件

1. 已安装了正版 SQL Server 2008 R2 软件的计算机。

四、实验报告格式

1. 封面
2. 报告正文

(1) 题目
(2) 实验环境
(3) 数据库 xingmingtest 的创建过程
(a) 数据库 xingmingtest 的创建与截图
(b) 用户角色的权限授予与截图
(4) EMPLOYEE 和 DEPARTMENT 表模式的创建与截图
(5) EMPLOYEE 和 DEPARTMENT 表的数据录入与截图
(6) 视图"view_Cities"的建立与截图
(7) 索引"department"的建立与截图
(8) 备份数据库"BK_xingmingtest"的建立与截图
(9) 总结实践经验

第三章 数据库查询

本章以 SQL Server Management Studio 为例,介绍使用 SQL 查询数据的各种方法。与创建数据库类似,从数据库中查询数据也有两种方式:使用 SQL 语言接口查询数据和使用图形接口查询数据。数据库管理员一般采用数据库管理系统软件(如 Microsoft SQL Server 2008 的 SQL Server 管理分析器(SQL Server Management Studio,SSMS))直接操作数据库,而应用程序或通过应用程序访问数据库的用户,通常需要使用 SQL 语言的查询语句查询数据。

本章以 Microsoft SQL Server 2008 的 SQL Server 管理分析器 SSMS 为例,说明在 SSMS 中怎样通过 Transact-SQL 语言接口查询数据。

3.1 基本查询结构

SQL 的数据查询操纵语言(Data Manipulation Language,DML)提供从数据库中查询、插入、修改、删除信息等数据操作功能。

DML 的基本查询语句结构如下所示:

select $A_1, A_2, \cdots, A_n$
from $R_1, R_2, \cdots, R_m$
where P

这里,$A_i(i=1..n)$ 表示一个属性;$R_j(j=1..m)$ 表示一个关系(即表);P 是一个表示条件的谓词。

例如,给定第二章建立的命名为"practice"的数据库,库中包含如图 3.1 所示的两张表。

EMPLOYEE	FirstName	Surname	Dept	Office	Salary	City
	Mary	Brown	Administration	10	45	London
	Charles	White	Production	20	36	Toulouse
	Gus	Green	Administration	20	40	Oxford
	Jackson	Neri	Distribution	16	45	Dover
	Charles	Brown	Planning	14	80	London
	Laurence	Chen	Planning	7	73	Worthing
	Pauline	Bradshaw	Administration	75	40	Brighton
	Alice	Jackson	Production	20	46	Toulouse

DEPARTMENT	DeptName	Address	City
	Administration	Bond Street	London
	Production	Rue Victor Hugo	Toulouse
	Distribution	Pond Road	Brighton
	Planning	Bond Street	London
	Research	Sunset Street	San José

图 3.1 关系 EMPLOYEE 的实例和关系 DEPARTMENT 的实例

使用如下所示的 select-from-where 查询语句：
select FirstName，Surname，Dept，DEPARTMENT. Address，DEPARTMENT. City
from EMPLOYEE，DEPARTMENT
则可从 EMPLOYEE、DEPARTMENT 两张表中查询到一个包含所有雇员名、姓、所在部门、工作地址、工作城市的新表。

3.2 简单查询语句

本节由浅入深举例说明常见的不同类型查询语句。
（1）单表查询
例3－1 Find the salaries of employees named Brown.
该语句查询姓"Brown"的雇员的薪水，查询语句和查询结果如图3.2所示。

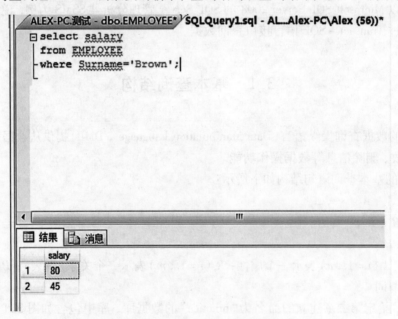

图 3.2 查询姓"Brown"的雇员的薪水

（2）查询目标中包含"*"
例3－2 Find all the information relating to employees named Brown.
该语句查询姓"Brown"的雇员的所有信息，查询语句和查询结果如图3.3所示。由于"*"代表了所有表中属性，简化了 SQL 语句的录入。
（3）查询目标中包含属性表达式
例3－3 Find the monthly salary of the employees named White.
该语句查询姓"White"的雇员的月薪，查询语句和查询结果如图3.4所示。在本例中通过属性表达式"salary/12"获得该雇员的月薪。

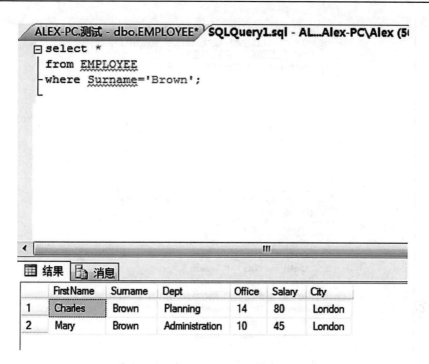

图 3.3　查询姓"Brown"的雇员的所有信息

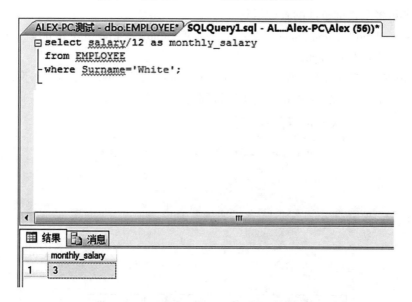

图 3.4　查询姓"White"的雇员的月薪

(4) 从两张表中查询信息

例 3-4　Find the names of employees and their cities of work.

该语句查询雇员的姓名和他们所在的城市,查询语句和查询结果如图 3.5 所示。该语句通过 from 子句列出包含所需信息的表;where 子句说明所查信息应满足的条件(参见第三章温馨小贴士 Tip1)。

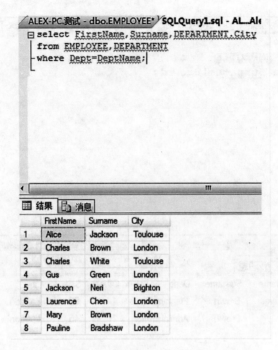

图 3.5　查询雇员的姓名和他们所在的城市

(5) 满足多个查询条件的查询语句

例 3 - 5　Find the first names and surnames of employees who work in office number 20 of the Administration department.

该语句查询在 20 号办公室、属于"Administration"部门的雇员姓名，查询语句和查询结果如图 3.6 所示。保留字"and"用于连接同时满足的多个条件。

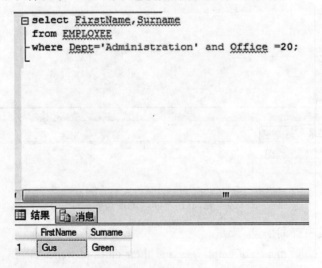

图 3.6　查询 20 号办公室、"Administration"部门的雇员姓名

(6) 满足多个查询条件之一的查询语句

例3-6　Find the first names and surnames of employees who work in either the Administration or the Production department.

该语句查询在"Administration"部门或在"Production"部门工作的雇员信息，查询语句和查询结果如图3.7所示。保留字"or"用于连接需满足其中之一的多个条件。

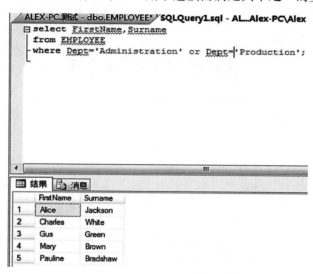

图3.7　查询在"Administration"部门或在"Production"部门工作的雇员信息

（7）包含复杂逻辑表达式的查询

例3-7　Find the first names of employees named Brown who works in the Administration department or the Production department.

该语句查询在"Administration"部门或在"Production"部门姓"Brown"的雇员的名字，查询语句和查询结果如图3.8所示。从本例可见，"and""or"等逻辑运算符可混合使用，通过圆括号"( )"可表示计算优先级。

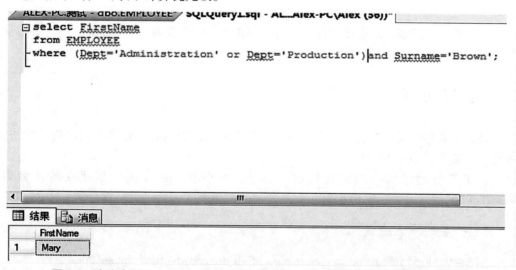

图3.8　查询在"Administration"部门或在"Production"部门姓"Brown"的雇员的名字

(8) 包含字符串操作的查询

例 3-8 Find employees with surnames that have 'r' as the second letter and end in 'n'.

该语句查询姓中第二个字符为"r"、最后一个字符为"n"的所有雇员,查询语句和查询结果如图 3.9 所示。"like"为字符查询的保留字,后接字符匹配应满足的模板格式(参见第三章温馨小贴士 Tip2)。

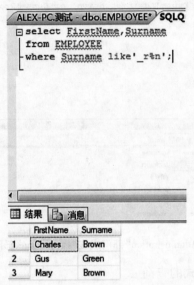

图 3.9 查询姓中第二个字符为"r"、最后一个字符为"n"的所有雇员

3.3 复杂查询语句

复杂查询涉及多表的连接查询、聚集函数查询、集合查询、嵌套查询、with 语句查询、视图查询等。

3.3.1 连接运算

复杂的查询涉及多个表的查询。当多个表实现连接查询时有很多不同的连接方法,所达到的查询目的是不同的。

为了更好地显示不同的连接运算方法,本小节需要在第二章建立的命名为"practice"的数据库中,再增加如图 3.10 所示的两张表。

1. 一般的多表查询

例 3-9 Find first names and surnames of all drivers who have automobiles.

该语句查询所有有汽车的驾驶员的姓名,查询语句和查询结果如图 3.11 所示。

第三章 数据库查询

DRIVER	FirstName	Surname	DriverID
	Mary	Brown	VR 2030020Y
	Charles	White	PZ 1012436B
	Marco	Neri	AP 4544442R

AUTOMOBILE	CarRegNo	Make	Model	DriverID
	ABC 123	BMW	323	VR 2030020Y
	DEF 456	BMW	Z3	VR 2030020Y
	GHI 789	Lancia	Delta	PZ 1012436B
	BBB 421	BMW	316	MI 2020030U

图 3.10　关系 DRIVER 的实例和关系 AUTOMOBILE 的实例

```
select FirstName, SurName, DRIVER.DriverID, CarRegNo, Make, model
from AUTOMOBILE, DRIVER
where AUTOMOBILE.DriverID=DRIVER.DriverID
```

	FirstName	SurName	DriverID	CarRegNo	Make	Model
1	MAY	BROWN	VR2030020Y	ABC123	BMW	323
2	MAY	BROWN	VR2030020Y	DEF456	BMW	Z3
3	Charles	White	PZ1012436B	GHI789	Lancia	Delta

图 3.11　查询所有有汽车的驾驶员的姓名

一般多表查询是通过对多表的笛卡尔积进行条件筛选实现的(参见第三章温馨小贴士 Tip10)。上例中的多表查询查出所有有汽车的驾驶员，那些没有汽车的驾驶员信息，或驾驶员不在表中的汽车信息都不会出现。

2. 自然连接

自然连接是根据属性名相同的值进行连接，此时，必须保证名字相同的属性，其语义也要相同。

例 3-10　Find first names and surnames of all drivers who have automobiles.

该语句查询所有有汽车的驾驶员的姓名，查询语句和查询结果如图 3.12 所示。

```
select FirstName, SurName, DRIVER.DriverID, CarRegNo, Make, Model
from AUTOMOBILE inner join DRIVER
on AUTOMOBILE.DriverID=DRIVER.DriverID
```

	FirstName	SurName	DriverID	CarRegNo	Make	Model
1	MAY	BROWN	VR2030020Y	ABC123	BMW	323
2	MAY	BROWN	VR2030020Y	DEF456	BMW	Z3
3	Charles	White	PZ1012436B	GHI789	Lancia	Delta

图 3.12　查询所有有汽车的驾驶员的姓名

上例中,自然连接查出所有有汽车的驾驶员,那些没有汽车的驾驶员信息,或驾驶员不在表中的汽车信息都不能获得。

值得注意,例3-10自然连接的查询结果和例3-9一般的多表查询结果完全一样。但是,两种方法的查询效率却有很大不同。一般的多表查询计算需要多张表先做笛卡尔乘积,然后,再用Where语句的条件进行筛选;而自然连接则只需要将多张表中属性名相同且值也相同的元组拼接成一张新表,需要的存储空间较小,计算复杂度也较小(参见第三章温馨小贴士Tip3)。

3. 左外连接

例3-11 Find first names and surnames of all drivers and their automobiles.

该语句查询所有驾驶员的姓名及他们的汽车,查询语句和查询结果如图3.13所示。

```
select FirstName, SurName, DRIVER.DriverID, CarRegNo, Make, Model
from DRIVER left join AUTOMOBILE on
  AUTOMOBILE.DriverID=DRIVER.DriverID
```

	FirstName	SurName	DriverID	CarRegNo	Make	Model
1	MAY	BROWN	VR2030020Y	ABC123	BMW	323
2	MAY	BROWN	VR2030020Y	DEF456	BMW	Z3
3	Charles	White	PZ1012436B	GHI789	Lancia	Delta
4	Marco	Neri	AP4544442R	NULL	NULL	NULL

图3.13 查询所有驾驶员的姓名及他们的汽车

上例中,左外连接不仅能查出自然连接的所有信息,而且保证了所有驾驶员信息(参与连接的左表信息)都能获得,即左外连接能查出有车和没车的所有驾驶员信息,有车的同时显示车辆信息(参见第三章温馨小贴士Tip4)。

4. 右外连接

例3-12 Find all automobiles and first names and surnames of their drivers.

该语句查询所有的汽车及驾驶员姓名,查询语句和查询结果如图3.14所示。

```
select FirstName, SurName, DRIVER.DriverID, CarRegNo, Make, Model
from DRIVER right join AUTOMOBILE on
  AUTOMOBILE.DriverID=DRIVER.DriverID
```

	FirstName	SurName	DriverID	CarRegNo	Make	Model
1	MAY	BROWN	VR2030020Y	ABC123	BMW	323
2	MAY	BROWN	VR2030020Y	DEF456	BMW	Z3
3	Charles	White	PZ1012436B	GHI789	Lancia	Delta
4	NULL	NULL	NULL	BBB421	BMW	316

图3.14 查询所有的汽车及驾驶员姓名

上例中，右外连接不仅能查出自然连接的所有信息，而且保证了所有汽车信息（参与连接的右表信息）都能获得，即右外连接能查出所有车辆及相关的驾驶员姓名信息。

5. 全连接

例 3 – 13 Find all the information relating to drivers and automobiles.
该语句查询驾驶员和汽车的所有信息，查询语句和查询结果如图 3.15 所示。

```
select FirstName, SurName, DRIVER.DriverID, CarRegNo, Make, Model
from DRIVER full join AUTOMOBILE on
 AUTOMOBILE.DriverID=DRIVER.DriverID
```

	FirstName	SurName	DriverID	CarRegNo	Make	Model
1	MAY	BROWN	VR2030020Y	ABC123	BMW	323
2	MAY	BROWN	VR2030020Y	DEF456	BMW	Z3
3	Charles	White	PZ1012436B	GHI789	Lancia	Delta
4	Marco	Neri	AP4544442R	NULL	NULL	NULL
5	NULL	NULL	NULL	BBB421	BMW	316

图 3.15　查询驾驶员和汽车的所有信息

上例中，全连接不仅能查出自然连接的所有信息，而且保证了所有驾驶员信息（参与连接的左表信息）和所有汽车信息（参与连接的右表信息）都能获得，即全连接查出了所有驾驶员和车辆的信息。

6. 表的自连接

表的自连接是通过换名来实现的（参见第三章温馨小贴士 Tip5）。

例 3 – 14 Find all first names and surnames of employees who have the same surname and different first names with someone in the Administration department.
该语句查询"Administration"部门中所有姓相同名不同的雇员，查询语句和查询结果如图 3.16 所示。

图 3.16　查询"Administration"部门中所有姓相同名不同的雇员

3.3.2 聚集函数

使用聚集函数的复杂 SQL 查询语句的结构如下所示（参见第三章温馨小贴士 Tip6）：

select $A_1, A_2, \cdots, A_n$ （select 子句）
from $R_1, R_2, \cdots, R_m$ （from 子句）
［where P］ （where 子句）
［group by $B_1, B_2, \cdots, B_k$］ （group by 子句）
［having Q］ （having 子句）
［order by $C_1, C_2, \cdots, C_t$］ （order by 子句）

常用的聚集函数包括 count、sum、max、min 和 avg。

1. 计数 count

例 3-15 Find the number of employees.

该语句查询雇员的个数，查询语句和查询结果如图 3.17 所示。关于 count 命令使用的注意事项可参见第三章温馨小贴士 Tip7。

图 3.17 查询雇员的个数

2. 求和 sum

例 3-16 Find the sum of all salaries for the Administration department.

该语句查询"Administration"部门的薪水总和，查询语句和查询结果如图 3.18 所示。

图 3.18 查询"Administration"部门的薪水总和

3. 求最大值 max

例 3-18　Find the maximum salary among the employees who work in a department located in London.

该语句查询工作部门在"London"的雇员的最高薪水，查询语句和查询结果如图 3.19 所示。

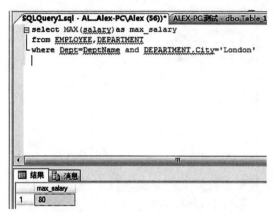

图 3.19　查询工作部门在"London"的雇员的最高薪水

4. 求最小值 min

例 3-19　Find the maximum and minimum salaries among all employees.

该语句查询雇员的最高薪水和最低薪水，查询语句和查询结果如图 3.20 所示。

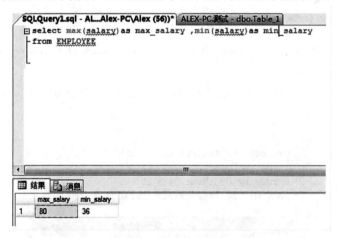

图 3.20　查询雇员的最高薪水和最低薪水

5. 求平均值 avg

例 3-20　Find the average salary of the employees.

该语句查询雇员的平均工资，查询语句如下所示：

select avg(salary)

from employee

6. 分群聚集 – Group By

例 3 – 21 Find the sum of salaries of all the employees of the same department.

该语句查询各部门工资总和，查询语句和查询结果如图 3.21 所示。

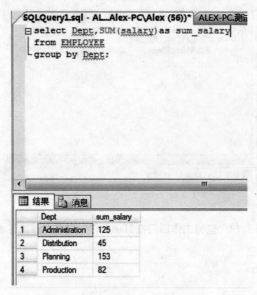

图 3.21 查询各部门工资总和

7. 有条件的分群聚集 – Having Clause

例 3 – 22 Find the departments where the average salary of employees working in office number 20 is higher than 25.

该语句查询工作在 20 号办公室的雇员的平均工资高于 25 的部门，查询语句和查询结果如图 3.22 所示。

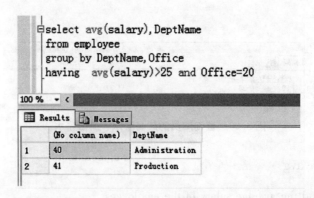

图 3.22 查询工作在 20 号办公室的雇员的平均工资高于 25 的部门

3.3.3 集合操作

常用的集合操作主要包括并(union)和交(intersect)。

1. 集合的并

例 3 - 23 Find all first names and surnames of employees.

该语句查询雇员的所有姓和名,若将查询结果在一列中显示,并将该列命名为 Name,则查询语句和查询结果如图 3.23 所示。

图 3.23 查询雇员的所有姓和名

2. 集合的交

例 3 - 24 Find surnames of employees that are also first names.

该语句查询姓和名相同的雇员,若查询结果在一列中显示,并将该列命名为 Name,则查询语句和查询结果如图 3.24 所示。

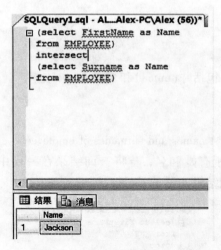

图3.24　查询姓和名相同的雇员

3.3.4　嵌套查询

SQL 提供嵌套子查询机制，该机制可嵌入到另一个 select – from – where 查询语句中（参见第三章温馨小贴士 Tip9）。

1. 集合成员 in

例 3 – 25　Find the employees who work in departments in London.

该语句查询工作的部门位于伦敦的雇员，查询语句和查询结果如图 3.25 所示。

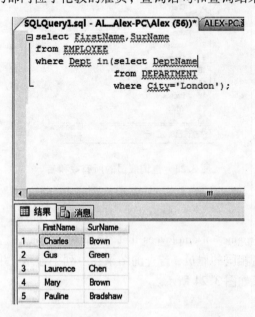

图 3.25　查询工作的部门位于伦敦的雇员

2. 嵌套查询中的换名

例 3 – 26 Find employees of the Planning department, having the same first name as a member of the Production department.

该语句查询计划部门与生产部门中名字相同的雇员，查询语句和查询结果如图 3.26 所示。该例中"EMPLOYEE"表被使用两次，第二次在 Where 的嵌套查询子句中"EMPLOYEE"表被换名为"R"，通过换名使得嵌套子句中的参数可与外层相应参数进行比较（参见第三章温馨小贴士 Tip9）。

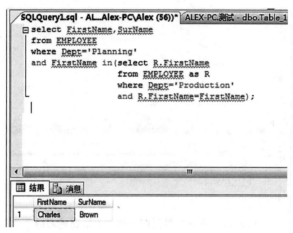

图 3.26　查询计划部门与生产部门中名字相同的雇员

3. 不属于一个集合

例 3 – 27 Find departments where there is no one named Brown.

该语句查询没有姓"Brown"的所有部门，查询语句和查询结果如图 3.27 所示。

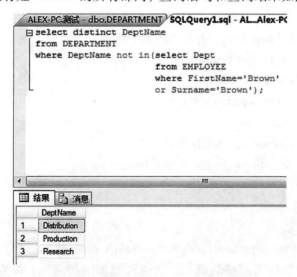

图 3.27　查询没有姓"Brown"的所有部门

4. 集合的子集

例 3 – 28 Find the department of the employee earning the highest salary.

该语句查询拿最高薪水的雇员所在的部门,查询语句和查询结果如图 3.28 所示。

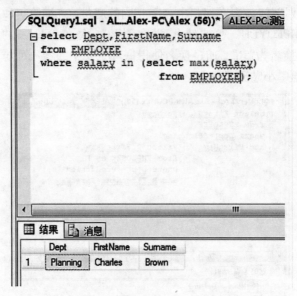

图 3.28 查询拿最高薪水的雇员所在的部门

3.3.5 With 语句

有时查询语句过于复杂,为了简化操作,可将一部分频繁使用的信息以表的形式暂时存储起来,以便以后多次使用。此时,需要使用 With 语句构建临时查询。

例 3 – 29 Find all departments with the maximum budget.

该语句查询预算最高的部门,查询语句如下所示:

       with max_budget(value) as
         (select max(budget)
           from department)
       select dept. name
       from department, max_budget
       where department. budget = max_budget. value;

3.3.6 视图查询

例 3 – 30 Find the department with highest salary expenditures.

该语句查询薪水开支最高的部门,在构建查询语句之前,可先建立如下所示的视图：
>   create view SalBudget
>   (Dept, SalTotal) as
>   select   Dept, sum(Salary)
>   from   EMPLOYEE
>   group by Dept

使用上述视图即可构建查询语句如下：
>   select   Dept
>   from   SalBudget
>   where SalTotal = (select max(SalTotal)
>   from SalBudget)

视图与 With 语句的区别在于，With 语句建立的是临时表，仅在 With 语句的作用域中可使用，当 With 语句结束时，临时表不再有效；而视图建立的是虚拟表，可在视图建立后任意时间使用。

3.4 查询优化

主要的查询优化策略包括如下几个方面：
［1］尽可能早地执行选择操作；
［2］尽可能早地执行投影操作；
［3］把笛卡儿积和其后的选择操作合并成 F 连接运算；
［4］同时计算一连串的选择和投影操作，避免多次扫描文件；
［5］如果在一个表达式中多次出现某个子表达式，应该使用 With 语句或视图将该子表达式预先计算并保存结果，避免重复计算；
［6］适当地对关系文件进行预处理（如排序或索引）；
［7］计算表达式前估计各种计算方法的代价。

温馨小贴士

【经验之谈】

Tip1. SQL 的基本查询语句结构可理解为如下三个部分：

select $A_1, A_2, \cdots, A_n$ （select 目标表）
from $R_1, R_2, \cdots, R_m$ （from 子句）
where P （where 子句）

这里，select 目标表是一个属性列表，说明了所需要的信息；from 子句是一个关系列表，说明了所需信息来自哪些表；where 子句是一个表示条件的谓词，说明从多个表中选择满足条件 P 的记录。select-from-where 查询子句的执行顺序是首先建立 from 子句中多个表的笛卡尔乘积；然后，按照 where 子句的条件选取满足条件的记录；最后，按照 select 目标表，投影相关属性值，并计算最终结果。

Tip2. 字符串查询是数据查询最常用的格式之一。系统保留字"like"用于说明字符串的匹配模式，模式中符号"%"可匹配任意子字符串，符号"_"可匹配任意一个字符。

例如：

- 'Intro%'匹配任意以"Intro"开头的字符串；
- '%Comp'匹配任意以"Comp"结尾的字符串；
- '_ _ _'匹配三个字符构成的字符串；
- '_ _ _%'匹配三个以上字符构成的字符串。

当所查询的字符串中包含 SQL 语句的通配符时，可使用转义子句"escape"说明，例如：

- like 'ab\% cd%' escape '\' 匹配任意以"ab% cd"开头的任意字符串，这里 escape 说明了"\"后的第一个"%"为字符串模式中的原本字符，而非系统保留符号"%"。

- like 'ab\cd%' escape '\' 匹配任意以"ab\cd"开头的任意字符串，这里 escape 说明了"\"后的第一个"\"为字符串模式中的原本字符，而非系统保留符号"\"。

Tip3. SQL Server 提供了丰富的连接(join)查询操作。采用连接查询比采用一般的以笛卡尔乘积形式实现的多表查询，节省更多的存储空间，且查询速度更快。

SQL Server 提供的连接查询可分为如下两类：

- 内连接(Inner join)：即自然连接，是系统默认的连接形式。
- 外连接(Outer join)：说明多表连接时应保留哪些表中的信息，进一步分为左外连接、右外连接和全连接，分别用于保留左表全部信息、右表全部信息和两张表的全部信息。

连接命令的格式为：

select $A_1, A_2, \cdots, A_n$

from R_1 [inner | left | right | full | outer] join R_2 on K
[where P]

注意：上述命令中，保留字"on"可指定连接条件，这使得连接的方式更丰富，而不仅仅是以自然连接的形式进行。

Tip4. 外连接分为左外连接、右外连接和全连接三种不同形式，主要用于保留原表中的部分信息。例如，例 3 - 11 的左外连接后产生的新表就会保留左表中所有的驾驶员信息；例 3 - 12 的右外连接后产生的新表就会保留右表中所有的车辆信息；例 3 - 13 的全连接后产生的新表就会保留左右两张表中所有的驾驶员和车辆信息。外连接主要针对一些特殊的应用，由于新表在连接过程中无法连接的元组用空值来填充，使得所产生的新表可能包含大量空值。

Tip5. 在实际应用中经常会涉及对同一张表信息的多次访问，在 SQL 语句中通过换名实现对同一张表的多次访问是常用的查询技巧。

Tip6. 复杂 SQL 查询语句的结构如下所示：

select A_1, A_2, …, A_n　　　（select 子句）
from R_1, R_2, …, R_m　　　（from 子句）
[where P]　　　　　　　　（where 子句）
[group by B_1, B_2, …, B_k]（group by 子句）
[having Q]　　　　　　　（having 子句）
[order by C_1, C_2, …, C_t]（order by 子句）

使用复杂的查询语句需要注意 DBMS 的执行顺序：首先，执行 from 子句，然后执行 where 子句形成新表；其次，执行 group by 子句进行分组；再次，在分组的基础上执行 having 子句进行筛选；最后，按照 order by 子句规定的顺序显示 select 子句所需的信息。

Tip7. 聚集函数 count 对含空值的元组仍然计数，仅在空表时返回为"0"；其他的聚集函数均忽略空值。

Tip8. 由于嵌套子查询的结果是一张表，因此，嵌套子查询既可作为表嵌套于 from 子句，也可作为一个集合用于 where 子句的条件计算中，例如，判别是否为集合成员（in、not in）；比较两个集合的关系（<、<=、>、>=、some、all）；集合是否存在（exist、not exist）等。

Tip9. 嵌套子查询使用的表常常与外层主查询的表相同，这时需要通过表的换名来实现不同的访问，应用时要特别小心子查询与外层查询参数之间的关系。

Tip10. 对于简单的 SQL 语句，SQL Server 中"="和自然连接的执行计划相同。例如，在 AdventureWorks 数据库的 SalesOrderHeader 和 SalesOrderDetail 两个表上做上述两种不同条件的连接查询，耗时相同（3 秒，121317 条记录）。更详细的信息参见 https://social.msdn.microsoft.com/Forums/zh - CN/e1198187 - 96d5 - 4e9e - b1d0 - d2d4f5ba4e20/inner - joinonwhre? forum = sqlserverzhchs。

【理论指导】

Tip11. 数据定义语言（Data Definition Language，DDL）提供定义数据库、定义关系模

式、修改和删除关系模式等操作功能。

Tip12. 数据操纵语言(Data Manipulation Language，DML)提供从数据库中查询、插入、修改、删除元组等数据操作功能。

Tip13. 自然连接(National Join)：两个关系表的自然连接运算产生一个新表，新表中只包含那些在两个表中属性相同则取值也相同的元组。

【文献参阅】

Tip14. 本书仅示例了一些常用的数据库查询操作，有关 SQL Server 2008 数据库查询的详细命令及语法规范，可参阅 SQL Server 2008 联机丛书；或访问微软 msdn 网站：http://msdn.microsoft.com/zh-cn/library/.

Tip15. 有关数据库查询的 SQL 语言详细资料与实践习题，参见如下文献第 3 章：Silberschatz A,等. 数据库系统概念：第 6 版[M]. 杨冬青,李红燕,唐世渭,等译. 北京：机械工业出版社,2012.

Tip16. 有关 SQL Server 2008 数据库查询的详细视频资料，参见如下文献第 4~6 章：岳付强,等. 零点起飞学 SQL Server[M]. 北京：清华大学出版社,2013.

Tip17. 系统学习 SQL Server 2008 可使用随机安装的 SQL Server 教程。

实验三：数据库查询

一、实验目的

1. 掌握 select-from-where 查询语句的使用方法。
2. 学会在 SQL Server 查询分析器中完成复杂查询，包括设置查询条件、使用聚合函数以及对分组查询等。
3. 训练连接查询，学会使用左外连接、右外连接和全连接查询。
4. 训练多层关联查询，并针对大量数据，比较不同查询语句的速度，体验查询优化的作用。
5. 学会使用视图和索引查询数据，提高数据查询效率。

二、实验任务

打开数据库 SQL Server 2008 的查询分析器，用 SQL 语言完成以下查询语句。并通过实验结果验证查询语句的正确性，将每个 SQL 语句及查询结果截图保存，作为实验报告上交，以备老师检查。

1. 简单查询

（1）Find the salaries of employees named Brown.
（2）Find all the information relating to employees named Brown.
（3）Find the monthly salary of the employees named White.
（4）Find the names of employees and their cities of work.
（5）Find the first names and surnames of employees who work in office number 20 of the Administration department.
（6）Find the first names and surnames of employees who work in either the Administration or the Production department.
（7）Find the first names of employees named Brown who works in the Administration department or the Production department.
（8）Find employees with surnames that have 'r' as the second letter and end in 'n'.

2. 复杂查询

（9）Find all first names and surnames of employees who have the same surname and different first names with someone in the Administration department.
（10）Find the number of employees.
（11）Find the sum of all salaries for the Administration department.
（12）Find the maximum salary among the employees who work in a department based in London.
（13）Find the maximum and minimum salaries among all employees.

（14）Find the sum of salaries of all the employees of the same department.

（15）Find which departments spend more than 100 on salaries.

（16）Find the departments where the average salary of employees working in office number 20 is higher than 25.

（17）Find all first names and surnames of employees.（使用 union，查询结果在一列中显示，并将该列命名为 Name）

（18）Find surnames of employees that are also first names.（查询结果在一列中显示，并将该列命名为 Name）

（19）Find the employees who work in departments in London.（使用嵌套查询）

（20）Find employees of the Planning department, having the same first name as a member of the Production department.（使用嵌套查询）

（21）Find departments where there is no one named Brown.（使用嵌套查询）

（22）Find the department of the employee earning the highest salary.（使用嵌套查询）

3. 数据查询方式比较

以下实验任务需要使用 SSMS 和示例数据库 AdventureWorks 完成。请通过实验结果验证查询语句的正确性，并分析查询结果和查询速度不同的原因。

（23）查询表 person.contact 中所有 first name 和 last name 组合成的名字。（使用 cross join，查询结果在一列中显示，并将该列命名为 Name）

（24）查询表 Sales.SalesOrderHeader 中与表 HumanResources.Employee 中 EmployeeID=10 的人相对应的记录的全部信息。

（25）查询表 person.contact 中一个人的 first name 与另一个人的 last name 相同的所有情况。（使用 inner join，查询结果在两列中显示，其中第一列为 join 左边表的 firstname +''+ lastname，第二列为 join 右边表的 firstname +''+ lastname）

（26）在表 contact（在 join 左边）中查询 firstname 与表 contact（在 join 右边）另一条记录中 lastname 吻合的记录，查询结果在两列中显示，其中第一列为左表中满足条件的查询记录的 firstname +''+ lastname 和不满足条件的记录的 firstname +' '+ lastname，第二列为右表满足条件的查询记录的 firstname +' '+ lastname，而不满足条件处的记录为空值.（使用 left outer join）

（27）查询在表 contact（在 join 左边）中 firstname 与表 contact（在 join 右边）另一条记录中 lastname 吻合的记录，查询结果在两列中显示，其中第一列为左表中满足条件的查询记录的 firstname +' '+ lastname，不满足条件处的记录为空值，第二列为右表满足条件的查询记录的 firstname +' '+ lastname 和不满足条件的记录的 firstname +' '+ lastname.（使用 left outer join）

比较(23)(24)(25)(26)和(27)的查询结果、查询速度等。

三、实验条件

1. 安装了正版 SQL Server 2008 R2 软件的计算机。

2. 建立了包含图 3.1 所示数据的两张表 EMPLOYEE 和 DEPARTMENT。

3. 建立了包含图 3.10 所示数据的两张表 DRIVER 和 AUTOMOBILE。

四、实验报告格式

1. 封面
2. 报告正文
(1) 题目
(2) 实验环境
(3) 简单查询(1)~(8)及其截图
(4) 复杂查询(9)~(22)及其截图
(5) 查询(23)~(27)的截图及其查询结果、速度的比较分析
(6) 总结实践经验

第四章 应用程序访问数据库

开发一个数据库应用系统需要配置好应用程序的编程环境和存储应用数据的数据库管理系统环境。本章以 Java 语言、C++ 语言、SQL Server 2008 为例,说明应用程序访问数据库的主要工作。

应用程序访问数据库有两种方式:一种是通过嵌入式 SQL 语言将 SQL 语句嵌入程序设计语言编写的程序中,由编译器翻译成可执行的形式;另一种是通过应用程序接口,如 ODBC、JDBC、ADO 等,将 SQL 查询语句发送给数据库管理系统 DBMS,由 DBMS 动态解释 SQL 语句的执行。本章重点介绍使用应用程序接口(ODBC、JDBC 等)访问数据库的技术,以及怎样建立数据库系统应用程序开发环境。

本章仍以 SQL Server 2008 为例,说明应用程序开发环境的建立。

4.1 VC++ 使用 ODBC 访问数据库管理系统

开放数据库连接 ODBC(Open DataBase Connectivity)是由 Microsoft 定义的一种数据库访问标准,它提供了一种标准的数据库访问方法,以访问不同数据库提供商的数据库,其本质上是一组数据库访问 API。虽然数据库访问有多种方法,但由于 ODBC 编程简单,在实际数据库系统开发中被广泛使用(关于 ODBC 的更多说明参见第四章温馨小贴士 Tip11)。

4.1.1 VC++ 开发环境的安装与配置

使用 VC++ 编写数据库系统应用程序,首先需要安装和配置 VC++ 的开发环境。本节主要讲述 VC++ 程序运行开发环境 VC6.0 的安装和配置。

运行如图 4.1 所示的 Visual C++ 6.0 的安装程序。
在如图 4.2 弹出的安装窗口中,选择"安装"。
在如图 4.3 所示的安装向导界面,点击"下一步"。
如下图 4.4 所示,选择"接受协议",然后点击"下一步"。
在图 4.5 中,输入产品号和用户 ID,直接点击"下一步"。
在图 4.6 中,选择"安装 Visual C++ 6.0 中文企业版",点击"下一步"。

4.1 安装程序图标

4.2 安装窗口

4.3 安装向导界面

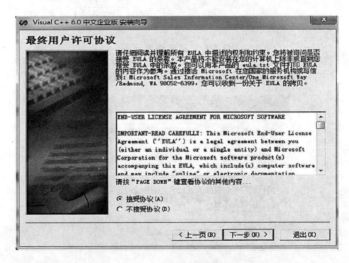

4.4 安装向导界面

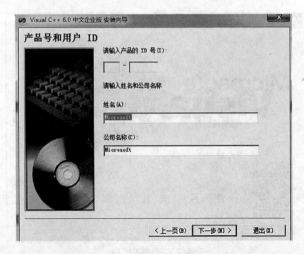

图 4.5　产品号和用户 ID 的录入界面

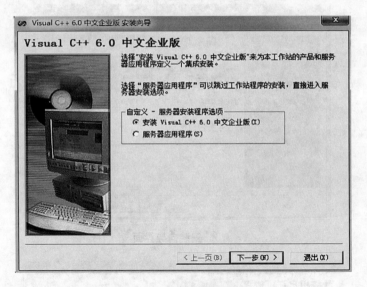

图 4.6　安装程序选项

进入如图 4.7 所示的产品标识号确认界面，点击"确定"。

图 4.7　产品标识号确认界面

在如图 4.8 所示的安装类型界面，选择"Custom"类型。

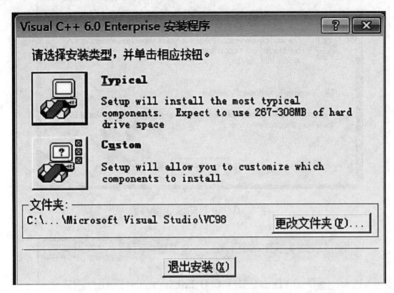

图 4.8　安装类型界面

在如图 4.9 所示的组件选择界面，点击"全部选中"，然后点击"继续"。

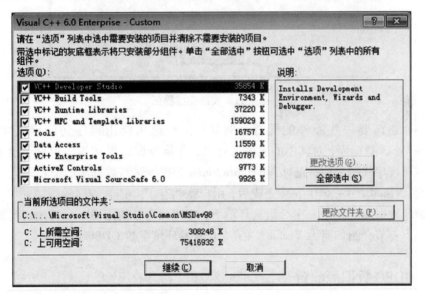

图 4.9　组件选择界面

在如图 4.10 所示的设置环境变量界面，选中"Register Environment Variables"，点击"OK"。

如图 4.11 所示，点击"确定"完成安装。

Visual C++ 6.0 安装完毕，运行该开发环境，依次点击菜单栏中的"文件"→"新建…"→"工程"，我们就可以开始编写各种应用程序。但是，想要编写可以访问数据库的

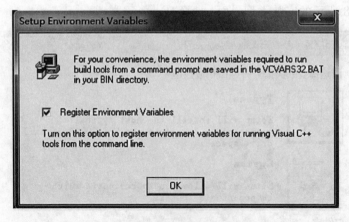

图4.10 设置环境变量界面

图4.11 安装完成界面

应用程序,还需要一些额外的配置。例如,我们想用应用程序访问前文中导入的 AdventureWorks 数据库,对其中的表进行查询,并将查询结果在程序中显示出来,这就需要在编写程序代码之前,先对 AdventureWorks 数据库进行数据源的配置。

因此,Visual C++ 6.0 安装完成后,用户就拥有了 C 语言程序的编制环境,但还不能编制访问数据库的程序。在 C 语言环境下,应用程序常使用 ODBC 方式访问数据库的数据源。下一节介绍如何为 Visual C++ 6.0 开发环境配置 ODBC 数据源。

4.1.2 ODBC 数据源配置

要使应用程序使用 ODBC 方式访问 SQL Server 2008 的数据库,首先需要为应用程序配置 ODBC 数据源。下面介绍在 Windows 7 操作系统下配置 ODBC 数据源的方法。

打开控制面板→所有控制面板项→数据源(ODBC)或者 C:\WINDOWS\system32\odbcad32.exe(有的机器为 C:\WINDOWS\ServicePack\system32\odbcad32.exe)(参见第四章温馨小贴士 Tip4),如图 4.12 所示。

点击"添加",在"创建新数据源"界面选择 SQL Server,如图 4.13 所示。

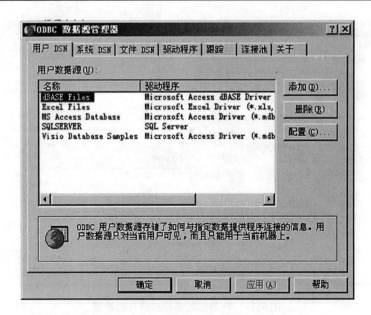

图 4.12　ODBC 数据源管理器

图 4.13　"创建新数据源"界面

点击"完成",在"创建到 SQL Server 的新数据源"界面中设置新数据源参数,如图 4.14 所示。图 4.14 输入的名称是为该 ODBC 数据源命名的名称(以后程序访问该 ODBC 数据源时使用这一名称,例如,这里将其命名为"SQL SERVER");描述是指对 ODBC 数据源进行注释,可省略;服务器是 ODBC 数据源所要连接的数据库引擎,这里输入本机安装的数据库服务器名称,例如,图 4.14 显示的是本机所安装的数据库服务器名称(即 LIUBIN\SQLSERVER,有关查看本机数据库服务器名称的方法见图 4.19)。然后,点击"下一步",出现如图 4.15 所示的新数据源登录界面。

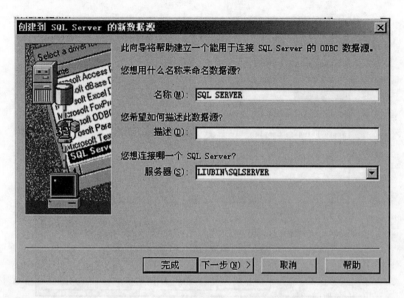

图 4.14　新数据源名称和服务器设置

上述新数据源配置中特别需要注意的是，在第二章中，同学们已经在本机的数据库引擎上建立了自己的数据库，图 4.14 中的服务器应选择数据库所在的数据库引擎，即本机的数据库引擎。

在图 4.15 中，选择单选框"使用用户输入登录 ID 和密码的 SQL Server 验证"（参见图 1.11 和图 2.2），然后，选择复选框"连接 SQL Server 以获得其它配置选项的默认设置"，输入登录 ID 和密码，点击"下一步"按钮，出现图 4.16 所示新数据源登录界面。

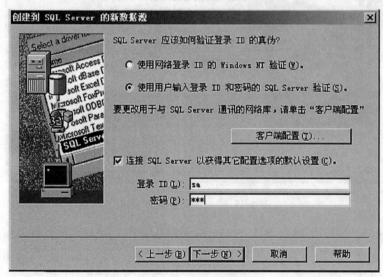

图 4.15　新数据源登录设置

在图 4.16 中，选择"更改默认的数据库为"，弹出下拉框，选择将要访问的数据库。这里所选择的数据库应为图 4.15 中登录名和密码能够访问到的数据库引擎上的数据库。

第四章 应用程序访问数据库

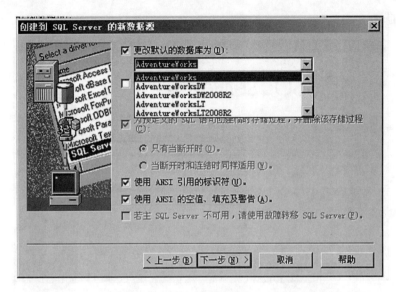

图 4.16 数据库选择

图 4.16 完成后，点击"下一步"按钮，继续点击"完成"按钮，弹出如图 4.17 所示界面，点击"测试数据源"按钮，测试 ODBC 数据源是否配置成功。

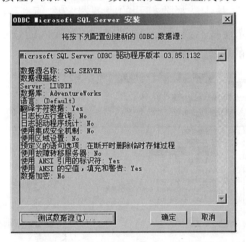

图 4.17 数据源配置测试

在建立数据库系统开发环境时，编程人员需要为已建立的数据库命名数据源名称（即图 4.14 的新数据源），以便在应用程序中通过函数调用访问该数据库时，能够使用所命名的数据源名称和数据库名称访问特定的数据库信息。但程序访问数据库时必须提供登录名和密码，新命名的数据源所在的数据库引擎在连接时提供的登录名和密码一定不能出错。

下文通过一个例子，说明登录名和密码的验证方式。

当图 4.14 中的服务器参数输入为本机服务器名时，编程人员就可以通过 SQL Server Management Studio(SSMS)建立和修改数据库内容（如第二章所述）。打开 SSMS 登录界面

· 79 ·

如图 4.18 所示。

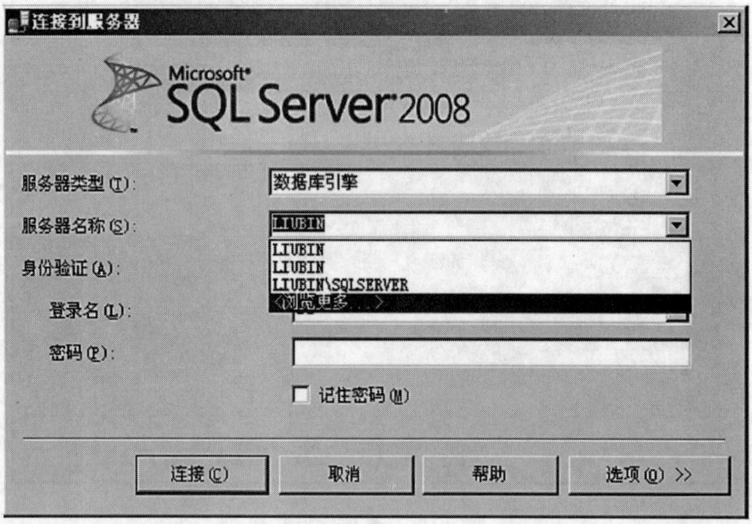

图 4.18　SSMS 登录界面

点击服务器名称下拉式菜单→＜浏览更多...＞，展开数据库引擎就可以看到服务器名了，如图 4.19 所示。从中选择要打开的服务器名称，然后输入图 4.15 的登录名和密码，测试是否可以建立连接。连接成功表明图 4.15 输入的登录名和密码是正确的，可以连接到新数据源所在的数据库引擎。

图 4.19　服务器名查看

登录名和密码可以在 SSMS 中设置和更改，使用 Windows 身份验证登录 SSMS 后，在对象资源管理器中展开安全性→登录名，如图 4.20 所示。

选择一个登录名，双击弹出属性窗口，在"常规"选项设置登录名的密码，点击"状

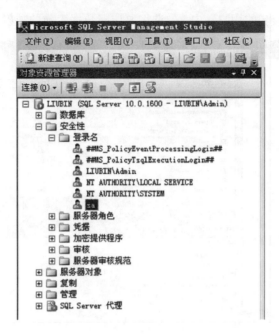

图 4.20 登录名查看

态"选项,如图 4.21 所示。

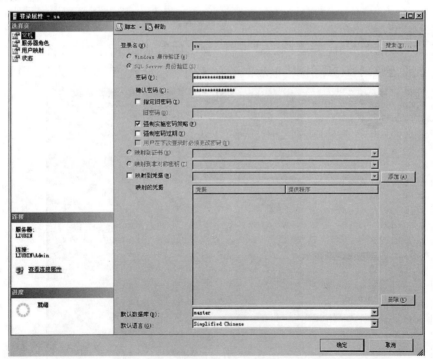

图 4.21 登录名密码设置

在图 4.21 的左上角,点击"用户映射"选项,弹出如图 4.22 所示窗口。在图 4.22

中,在"映射到此登录名的用户"中,勾选将要访问数据库前的映射复选框。

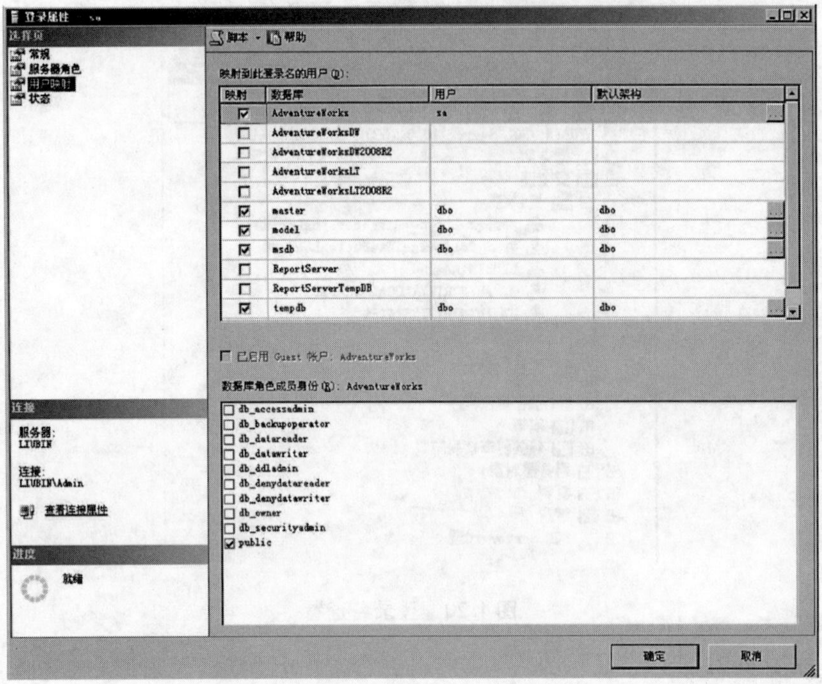

图 4.22　登录名访问数据库权限设置

在图 4.22 的左上角,点击"状态"选项,弹出如图 4.23 所示窗口,将"设置"选项中的"是否允许连接到数据库引擎"单选框选为"授予","登录"单选框选为"启用"。

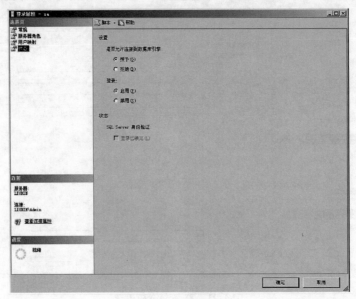

图 4.23　登录名启用

4.1.3 在 VC++ 中用 ODBC 访问 SQL Server 数据库

AdventureWorks 数据库是 SQL Server 2008 的示例数据库。本小节以 AdventureWorks 数据库为例，说明 VC++6.0 程序使用 ODBC 方式访问 AdventureWorks 数据库。

一个 VC++6.0 控制台应用程序使用 ODBC 方式访问 AdventureWorks 数据库的源代码如下所示：

```cpp
#include <WINDOWS.H>
#include <SQL.H>
#include <SQLEXT.H>
#include <STRING.H>
#include <SQLTYPES.H>
#include <SQLUCODE.H>
#include <ODBCINST.H>
#include <iostream>
using namespace std;
void main()
{
    RETCODE error;
    HENV env;//定义环境句柄
    HDBC conn;//定义连接句柄

    SQLAllocEnv(&env);//分配环境句柄
    SQLAllocConnect(env,&conn);//分配连接句柄
    SQLConnect(conn,(SQLCHAR*)"SQL SERVER",SQL_NTS,(SQLCHAR*)"liubin",SQL_NTS,(SQLCHAR*)"123",SQL_NTS);//连接数据源
    {
        char title[40];
        float employeeID;
        long lenOut1,lenOut2;
        HSTMT stmt;

        char *sqlquery="select title,EmployeeID from HumanResources.Employee";
        SQLAllocStmt(conn,&stmt);
        error=SQLExecDirect(stmt,(SQLCHAR*)sqlquery,SQL_NTS);
        //直接执行 SQL 语句
        if(error==SQL_SUCCESS)
        {
            SQLBindCol(stmt,1,SQL_C_CHAR,title,40,&lenOut1);
            SQLBindCol(stmt,2,SQL_C_FLOAT,&employeeID,0,&lenOut2);//处理结果集
            while(SQLFetch(stmt)==SQL_SUCCESS)
```

```
            }
              cout < < title < < "    " < < employeeID  < < endl;
            }
          }
        else{
           cout < < " fail\n";
         }
        SQLFreeStmt( stmt,SQL_DROP);
      }
     SQLDisconnect(conn);//断开数据源
     SQLFreeConnect(conn);//释放连接句柄
     SQLFreeEnv(env);//释放环境句柄
   }
```

其中，使用现有数据源连接到 SQL Server 所调用的函数为 SQLConnect，该函数接受三个参数：数据源名称、登录名和密码，分别为第二、第四和第五个参数。此外，还可以调用 SQLDriverConnect 或 SQLDriverConnect 以使用连接字符串连接到 SQL Server。

上述程序的运行结果如图 4.24 所示，显示的是 SQL 语句" select title，EmployeeID from HumanResources. Employee"的执行结果，表明程序访问数据库成功。

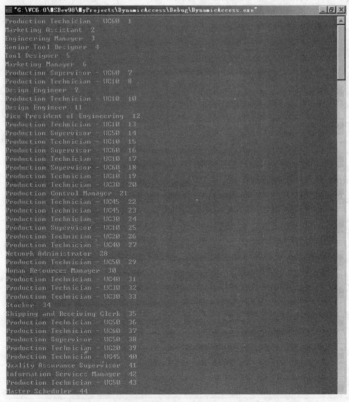

图 4.24　VC ++ 访问 SQL Server 2008 数据库结果显示

4.2 ASP 使用 ODBC 访问数据库管理系统

现代的网络应用程序一般都需要通过网页访问数据库。ASP 是动态服务器界面(Active Server Page)的英文缩写。为了在 ASP 中使用 ODBC 访问数据库，首先要安装 Dreamweaver8.0 开发环境，建立 ASP 文件，为生成动态网页做准备；其次，启动 Internet 信息服务(IIS)管理器，打开信息服务管理器后，选择默认网站和默认文档；再次，需要在 SQL Server 2008 Management Studio(SSMS) 创建一个数据库，并对新建数据库配置 ODBC 数据源，以便从外部访问数据库，参考 4.1.2 的配置步骤。最后，使用 Dreamweaver8.0，编辑 ASP 文件，制作动态网页访问数据库，实现输入查询语句跳转到新网页并显示查询结果的功能。

下面详细介绍相关工具的安装配置与使用方法。

4.2.1 Dreamweaver8.0 开发环境安装与配置

Dreamweaver8.0 是建立 Web 站点和应用程序的专业工具。它具有可视化的布局工具组件、应用程序开发功能组件和代码编辑支持组件，功能灵活，使各领域、各层次的开发设计人员都能快速创建基于标准的网站和应用程序的个性化界面。使用 Dreamweaver8.0 可以创建 Internet 应用程序，从而让用户能够连接到数据库、Web 服务甚至是旧式的系统。下面介绍该工具的安装与配置过程。

图 4.25 Dreamweaver 8.0 安装程序图标

首先，双击打开如图 4.25 所示的 Dreamweaver8.0 安装程序。
在如图 4.26 所示的安装程序欢迎界面，点击"下一步"按钮。

图 4.26 安装程序欢迎界面

在如图 4.27 所示的许可证协议界面，选择"我接受该许可证协议中的条款"，然后点击"下一步"按钮。

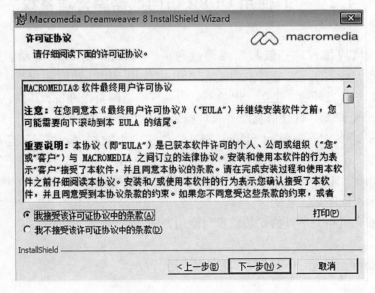

图 4.27　许可证协议界面

在如图 4.28 所示的目标文件夹和快捷方式界面，选择"在桌面上创建快捷方式（针对所有用户）"，点击"下一步"按钮。

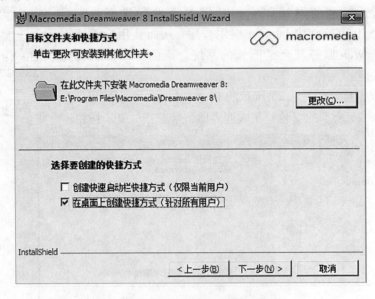

图 4.28　目标文件夹和快捷方式界面

在如图 4.29 所示的默认编辑器设置界面，默认为全选，点击"下一步"按钮。

在如图 4.30 所示的安装准备完成界面，点击"安装"按钮。

在如图 4.31 所示的安装过程界面，等待安装完毕。

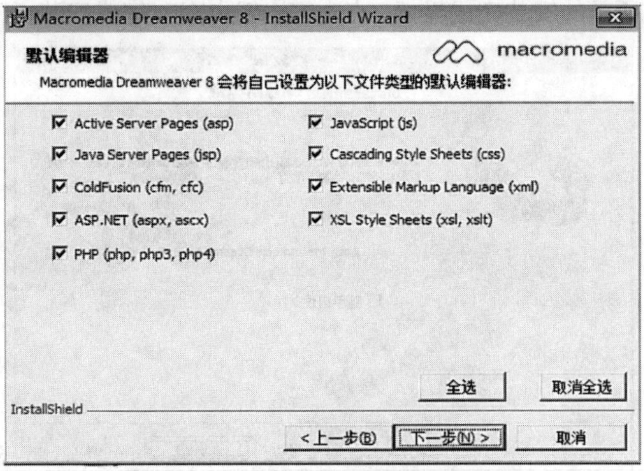

图 4.29　默认编辑器设置界面

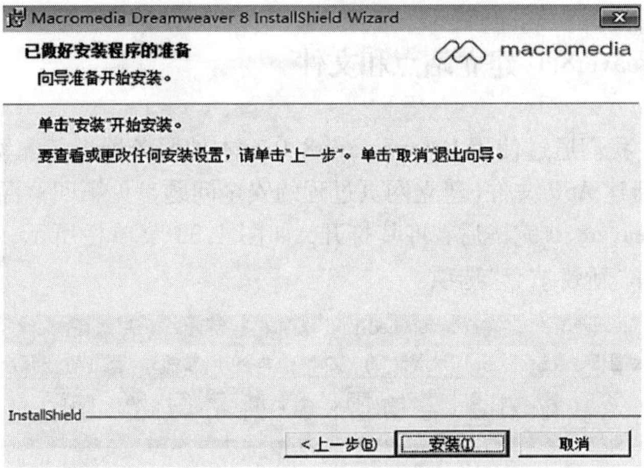

图 4.30　安装准备完成界面

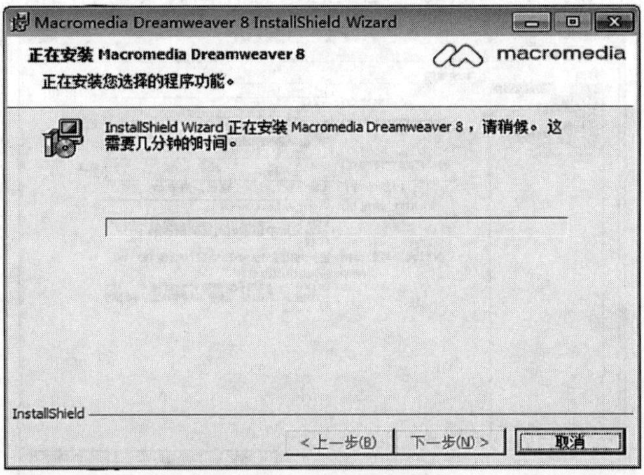

图 4.31　安装过程界面

在如图 4.32 所示的安装完成界面，点击"完成"按钮，完成安装。

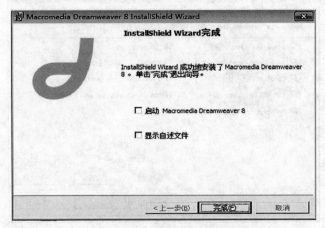

图 4.32　安装完成界面

4.2.2　Dreamweaver8.0 建立站点和文件

在本小节中，我们通过使用 Dreamweaver8.0 对本地服务器进行配置，并在本地服务器所在根目录下新建 ASP 文件（建立网页过程的安全问题参见第四章温馨小贴士 Tip7）。

安装 Dreamweaver8.0 完毕后，将其打开，如图 4.33 菜单栏所示，在菜单栏中单击"站点"菜单，选择"新建站点"选项。

图 4.33　Dreamweaver8.0 菜单栏

在如图 4.34 所示的新建站点的本地信息设置界面，设置本地信息：站点名称 test，

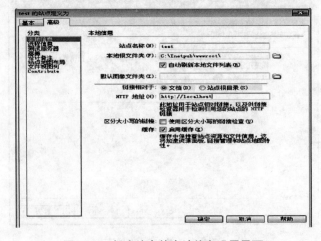

图 4.34　新建站点的本地信息设置界面

本地根文件夹路径为"C:\Inetpub\wwwroot\"，HTTP地址为"http://localhost/"。然后在左侧的分类栏里选择"测试服务器"。

在如图4.35所示的新建站点的测试服务器设置界面，选择服务器模型为"ASP VBScript"，选择访问方式为"本地/网络"，测试服务器文件夹路径为"C:\Inetpub\wwwroot\"，URL前缀为"http://localhost/"，点击"确定"按钮。

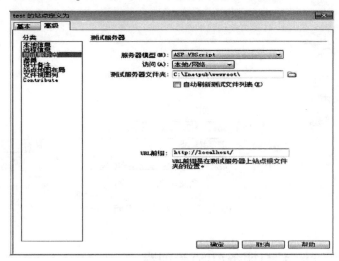

图4.35　新建站点的测试服务器设置界面

设置完站点后，如图4.36创建文件界面所示，创建一个新的ASP VBScript文件，点击"创建"按钮。

图4.36　创建文件界面

如图4.37所示的保存文件界面，将新建的ASP文件保存到本地根文件夹"C:\Inetpub\wwwroot\"中，文件名为wangye1.asp，点击"保存"按钮（关于文件保存路径的更多说明参见第四章温馨小贴士Tip5）。

图 4.37　保存文件界面

4.2.3　启动 Internet 信息服务(IIS)管理器

如图 4.38 所示的控制面板项,打开控制面板,找到并打开"程序和功能"。

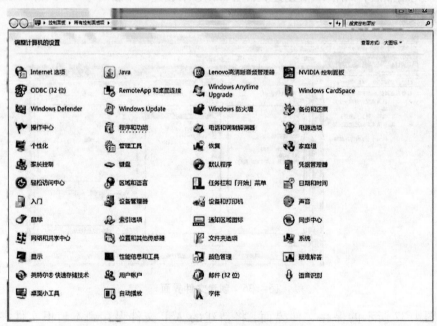

图 4.38　控制面板项

在如图 4.39 所示的程序和功能界面中,找到并点击"打开或关闭 windows 功能"。

第四章 应用程序访问数据库

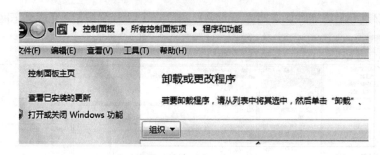

图 4.39 程序和功能界面

如图 4.40 所示的 Windows 功能界面，在"Internet 信息服务"下的"web 管理工具"中找到 IIS 相关功能，在前面的复选框中打勾后，单击"确定"按钮，即可完成启动操作。

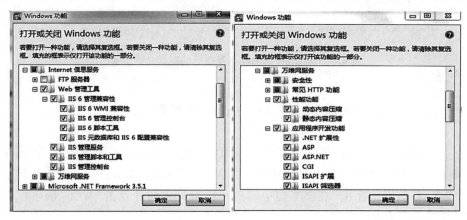

图 4.40 Windows 功能界面

启动完成后，可以开始进行站点和文档的配置，打开计算机管理，选择 Internet 信息服务(IIS)，点开默认网站，在如图 4.41 所示的 Internet 信息服务管理器的默认网站设置中，在基本设置里可以看到默认网站的主目录为"C:\Inetpub\wwwroot\"（关于 Internet 信息服务管理器的更多说明参见第四章温馨小贴士 Tip10）。

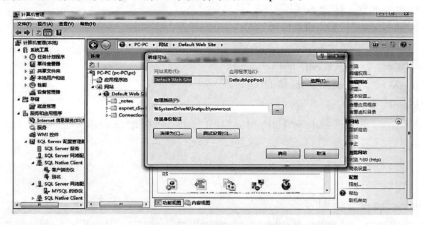

图 4.41 Internet 信息服务管理器的默认网站设置

如图 4.42 所示，添加默认文档为 wangye1.asp，点击"确定"按钮，完成动态网页的配置。

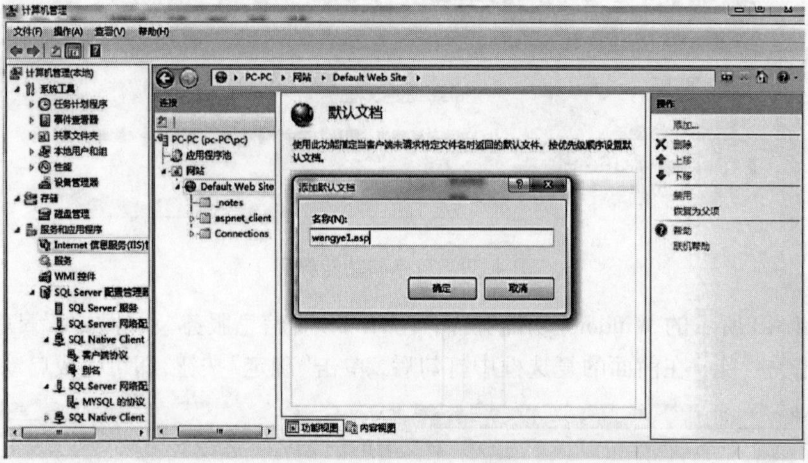

图 4.42　Internet 信息服务管理器的默认文档设置

4.2.4　在 ASP 中用 ODBC 访问 SQL Server 数据库

在上述操作中，我们已经完成了动态网页的配置，创建了一个 ASP 文件 wangye1.asp。现在我们在该 ASP 文件上编写代码，使得在网页 wangye1.asp 上显示出一个文本框和一个"查询"按钮，当用户在文本框中输入 SQL 查询语句并点击"查询"按钮时，即可实现对数据库相关表的查询。

wangye1.asp 中的参考代码如下所示：

＜title＞查询数据库＜/title＞
＜/head＞
＜body＞
我的主页
＜% response.write"＜br＞＜br＞＜br＞"％＞
＜% response.write"请输入查询语句"％＞
＜% response.write"＜br＞"％＞
＜form action = "wangye1.asp" method = "post"＞
＜input type = "text" name = "textfield"
id = "mytext"　＞
＜input type = "submit" name = "btn1" id = "btn1"value = "查询" onclick = "show( )" /＞
＜/form＞
＜%
dim a
a = request.Form("textfield")
mycon = "driver = {sql server};database = AdventureWorks;server = .\MySQL;uid = sa;pwd = root;"
Set conn = Server.Createobject("ADODB.Connection")

```
conn.open mycon
SET RS = SERVER.CreateObject("ADODB.recordset")
RS.open a,conn,1,1
%>
<table width="100%" border="1" cellspacing="1" cellpadding="1">
<%
do while not rs.eof
%>
<tr>
<td><%=rs("DepartmentID")%></td>
<td><%=rs("Name")%></td>
</tr>
<%
rs.movenext
loop
response.write"<br>"
Dim hw
Hw="数据库访问成功"
response.write("数据库访问成功")
%>
</table>
连接数据库时间为:<%=time()%>
</body>
```

如图 4.43 所示,在 IE 浏览器中输入地址 http://localhost/wangye1.asp,显示界面如下:

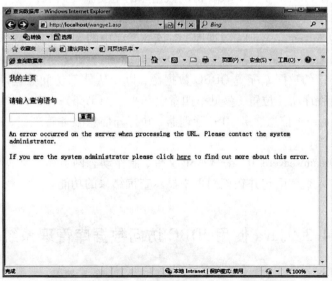

图 4.43　在 IE 浏览器中显示 wangye1.asp

接着，我们查询表 HumanResources.Department 中的部门 ID 和部门名称，在文本框中输入 SQL 查询语句"SELECT DepartmentID,Name FROM HumanResources.Department"，点击"查询"按钮，查询结果如图 4.44 所示。

图 4.44　访问数据库查询结果

综上所述，在 ASP 中使用 ODBC 访问数据库的主要流程如下：

［1］在 SQL Server 2008 Management Studio(SSMS)创建一个数据库。本节直接使用附加的 AdventureWorks 数据库，对该数据库中的人力资源部门表进行查询；

［2］安装 Dreamweaver 8.0，然后，在 Dreamweaver 下新建测试站点和 ASP 文件；

［3］对要连接的数据库配置 ODBC 数据源，以便从外部访问数据库(ODBC 数据源的配置程序所在位置，参见第四章温馨小贴士 Tip6)；

［4］启动 Internet 信息服务(IIS)管理器，并打开信息服务管理器，选择默认网站和默认文档；

［5］使用 Dreamweaver8.0，编辑 ASP 文件，制作动态网页访问数据库，实现在文本框中输入查询语句并在该网页中显示查询结果的功能。

4.3　Java 使用 JDBC 访问数据库管理系统

Java 数据库连接 JDBC(Java DataBase Connectivity)是由一组用 Java 编程语言编写的类和接口组成。JDBC 为数据库程序开发人员提供了一个标准的 API，使他们能够用纯

Java API 来编写数据库应用程序。本节以 JDBC 访问为例,讲述如何使用 Java 编写程序访问 SQL Server 2008。

4.3.1 Java 开发环境的安装与配置

使用 Java 编写数据库应用程序首先需要安装和配置 Java 开发环境,本节主要讲述 Java 程序运行环境 JDK 和开发环境 Eclipse 的安装和配置。

4.3.1.1 JDK 安装与配置

JDK 包含了 Java 程序的执行环境,并提供了 Java 开发的基础类库;安装 JDK 后,编译好的 Java 程序可以在 Java 虚拟机 JVM 上运行。本小节主要以图示的方式讲述 JDK 的安装配置。

下载 JDK(下载界面地址:http://java.com/zh_CN/download/manual.jsp)如下图所示,点击"安装"按钮,弹出如图 4.45 所示界面。

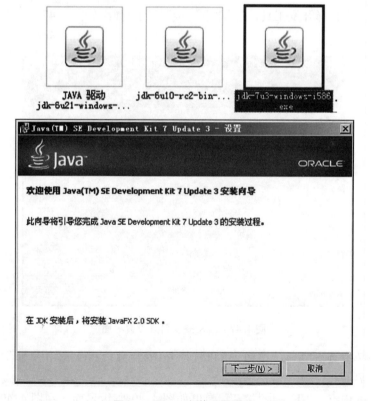

图 4.45 JDK 安装设置界面

在图 4.45 中点击"下一步"按钮,弹出如图 4.46 所示界面。

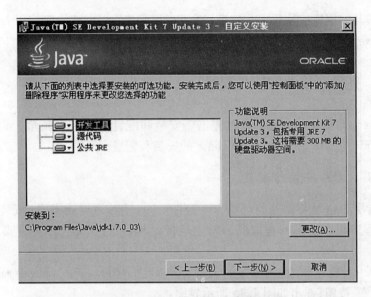

图 4.46 JDK 自定义安装界面

在图 4.46 中选择开发工具，点击"下一步"按钮，弹出如图 4.47 所示界面。

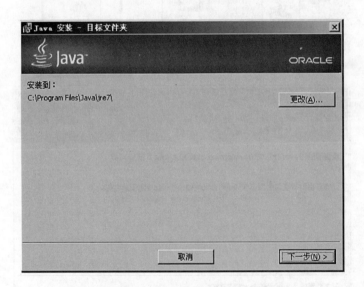

图 4.47 JDK 安装目录设置界面

在图 4.47 中点击"更改"按钮，可以选择 jre 安装目录。点击"下一步"按钮，弹出如图 4.48 所示界面。

在图 4.48 中点击"下一步"按钮，弹出如图 4.49 所示界面。在图 4.49 所示界面点击"浏览"按钮，可以设置 JavaFX SDK 安装路径。点击"下一步"按钮完成 JDK 的安装。

第四章 应用程序访问数据库

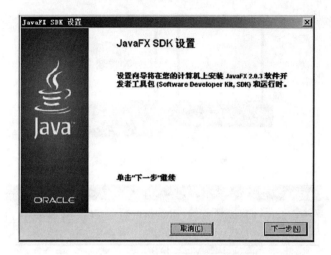

图 4.48　JavaFX SDK 设置界面

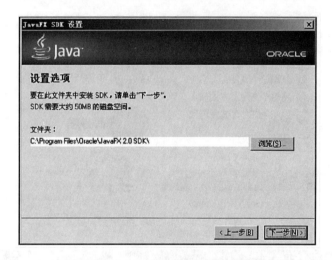

图 4.49　JavaFX SDK 安装路径设置界面

4.3.1.2　Eclipse 安装与配置

Eclipse 提供了 Java 程序的开发环境，Java 程序开发用户可以用它来创建、编辑和编译 Java 文件。本小节主要以图示的方式讲述 Eclipse 安装与配置。

下载 Eclipse IDE for Java EE Developers 压缩包（下载界面地址：http://www.Eclipse.org/downloads/）并解压，如图 4.50 所示。

进入解压文件夹，双击 Eclipse.exe 启动 Eclipse，如图 4.51 所示。

初次启动需要设置工作空间（工程项目保存路径），勾选"use this as the default and do not ask again"设置默认工作空间，如图 4.52 所示。

Eclipse 安装完成后，用户就拥有了 Java 语言程序的开发环境，但还不能编制访问数据库的程序。在 Java 语言环境下，应用程序常使用 JDBC 方式访问数据库的数据源。下一节介绍如何为 Eclipse 开发环境配置 JDBC 数据源。

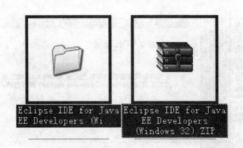

图 4.50　Eclipse 安装包

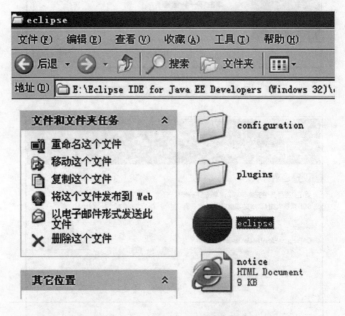

图 4.51　Eclipse.exe 启动程序

图 4.52　设置工作空间

4.3.2 JDBC 数据源配置

数据源提供了简单获取数据库连接的一种方式，即用户可以使用它创建数据库连接。使用 JDBC 访问 SQL Server 数据库，首先要配置数据源。本节主要以图示的方式讲述 JDBC 数据源配置。

打开程序→Microsoft SQL Server 2008→配置工具→SQL Server 配置管理器，如图 4.53 所示。

图 4.53　SQL Server 配置管理器

启动 SQL 配置器，展开 SQL Server 网络配置，选择"MSSQLSERVER 的协议"，双击 TCP/IP，打开 TCP/IP 属性对话框，在"协议"标签中将"已启用"设为"是"，如图 4.54 所示。

图 4.54　SQL Server 网络配置

点击"IP 地址"标签，将 IP1 和 IPALL 中的 TCP 端口都设为 1433，如图 4.55 所示。开启客户端的 TCP/IP，默认端口也为 1433，如图 4.56 所示。

图 4.55 IP1 和 IPALL 中的 TCP 端口设置

图 4.56 客户端的 TCP/IP 端口设置

第四章 应用程序访问数据库

然后在 cmd 命令中输入测试 telnet 127.0.0.1 1433，如图 4.57 所示。如果结果只有一个光标在闪动，那么就说明 127.0.0.1 1433 端口已经打开，如图 4.57 所示。如果出现连接主机端口 1433 没打开，就要换端口。

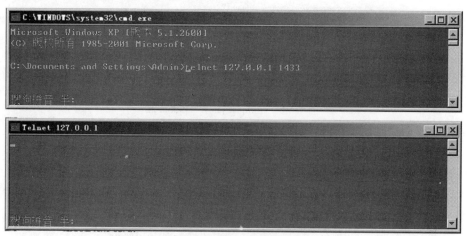

图 4.57 端口是否打开的测试

127.0.0.1 1433 端口已经打开，表明 JDBC 数据源配置成功，以后就可以在程序中用 JDBC 访问 SQL Server 数据库了。

4.3.3 在 Java 中用 JDBC 访问 SQL Server 数据库

运行 Microsoft SQL Server JDBC Driver 3.0（可以在 Microsoft 官网下载 JDBC 包，名为 sqljdbc_3.0.1301.101_chs.exe），点击"Unzip"按钮，如图 4.58 所示。

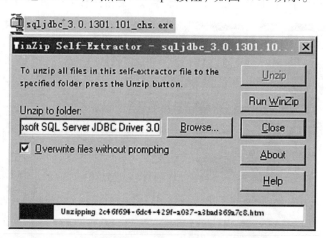

图 4.58 JDBC 安装包

打开解压后 sqljdbc_3.0.1301.101_chs.exe 所在文件夹中自动生成的文件夹 sqljdbc_3.0.1301.101_chs 里面有 2 个 Jar 包，sqljdbc4.jar 和 sqljdbc.jar，如图 4.59 所示。
选择 Java 的工程，点击右键配置生成路径，如图 4.60 所示。

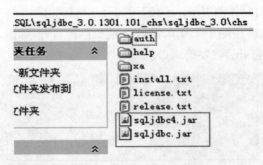

图 4.59 sqljdbc4.jar 和 sqljdbc.jar

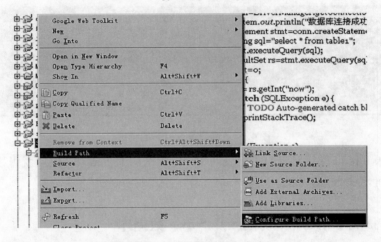

图 4.60 Java 工程配置生成路径

在打开的路径配置界面,通过添加外部 Jar 包(点击"Add External JARs"),针对所使用的 JDK 的版本将这两个 Jar 包之一或全部导入工程的引用库,如图 4.61 所示。

图 4.61 导入引用库到工程

如果读者使用 JDK6.0 及以后的版本，则可以只导入 sqljdbc4.jar，如果使用 JDK6.0 之前的版本，则必须导入 sqljdbc.jar，也可以两个包都导入（参见第四章温馨小贴士 Tip2），在如图 4.62 所示的窗口中可以看到已经导入了 sqljdbc4.jar 包（参见第四章温馨小贴士 Tip3）。

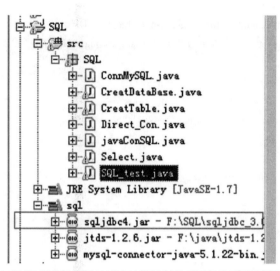

图 4.62　成功导入 sqljdbc4.jar 包到 Java 工程

下面以 AdventureWorks 数据库为例，说明在配好了上述环境后，Java 程序使用 JDBC 方式访问 AdventureWorks 数据库的方式。

一个 Java 应用程序使用 JDBC 方式访问 AdventureWorks 数据库的的源代码如下所示，这个程序在 Java 中用 SQL 验证登录访问 SQL Server 2008 数据库（前提要已经设置为混合模式登录，参看 SQL Server 2008 的安装与配置（参见第四章温馨小贴士 Tip1））。

```
package SQL;
import java.sql.*;
public class Direct_Con{
    public static void main(String[ ] args)
    {
        String url = "jdbc:sqlserver://localhost:1433;DatabaseName = AdventureWorks";
        //cmd 通过 netstat - an 可以查询端口
        String user  = "liubin ";
        String password = "123";
        String sqlStr = "select * from HumanResources.Employee";
        String SDriver = "com.microsoft.sqlserver.jdbc.SQLServerDriver";
        try{
            Class.forName(SDriver);
            Connection con = DriverManager.getConnection(url,user,password);
            Statement st = con.createStatement();
            ResultSet rs = st.executeQuery(sqlStr);
```

```
//输出所有查询结果
ResultSetMetaData rsmd = rs. getMetaData( ) ;
int col = rsmd. getColumnCount( ) ;
while( rs. next( ) )
{
    //System. out. println( rs. getString( "EmployeeID" ) + " \t" +
    //rs. getString( "title" ) + " \t\t" + rs. getString( "HireDate" ) ) ;
    int i = 1 ;
    String str = " " ;
    while( i < = col ) {
        str = str + rs. getString( i ) + " \t\t" ;
        i ++ ;
    }
    System. out. println( str ) ;
}
rs. close( ) ;
st. close( ) ;
con. close( ) ;
} catch( Exception err) {
    err. printStackTrace( System. out) ;
}
```

上述程序代码编译运行，结果如图 4.63 所示，显示的是 SQL 语句 "select title, EmployeeID from HumanResources. Employee" 的执行结果，表明程序访问数据库成功。

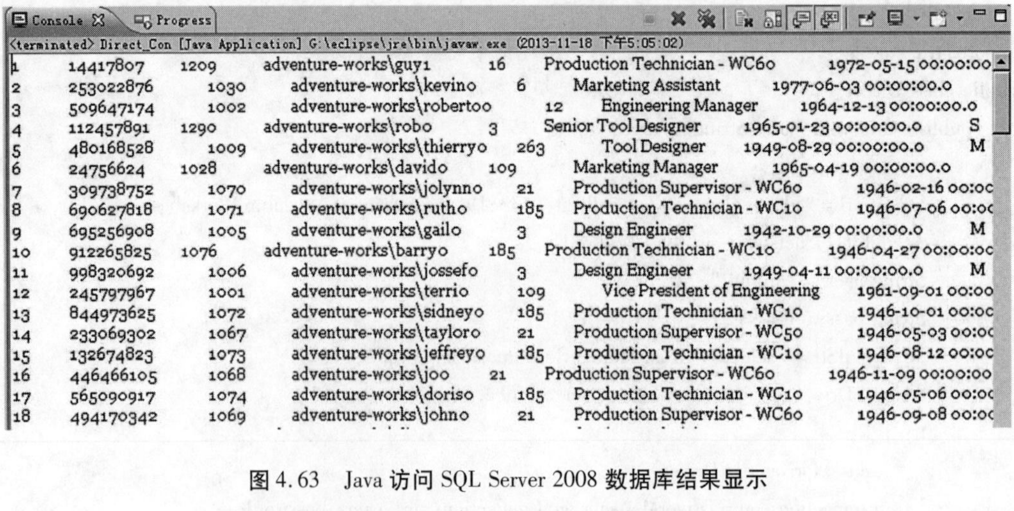

图 4.63 Java 访问 SQL Server 2008 数据库结果显示

4.4 JSP 访问 SQL Server 2008

JSP(Java Server Page)是 Java 服务器界面的英文缩写,和 ASP 技术非常相似,ASP 的编程语言是 VBScript 和 JavaScript,而 JSP 使用的是 Java。使用 JSP 访问 SQL Server 2008,首先需要配置 JSP 的开发运行环境。Eclipse 提供简单的 JSP 开发环境,本节主要介绍 JSP 运行环境的配置、JSP 项目的创建和使用 JSP 访问 SQL Server 2008。

4.4.1 配置 JSP 运行环境并建立、运行 JSP 项目

在准备创建和开发一个动态网站访问数据库之前,首先还必须安装和配置以下环境和工具:①需要安装 JDK,用以提供 Java 程序的运行环境以及 Java 开发工具包;②需要安装 Web 容器,将安装 Web 容器的主机作为 Web 服务器,对客户端请求进行相应处理,并返回相应结果,本书选择 Tomcat,Tomcat 容器负责解析、编译 JSP 界面程序,并对客户端请求做出响应;③安装 JSP 编辑器,本书采用 Eclipse 集成环境。前面已经对①和③做了介绍,本节主要介绍 Tomcat 安装与配置。

下载 Tomcat 压缩文件(apcache-tomcat 的下载界面地址:http://tomcat.apache.org/download-70.cgi)并解压,如图 4.64 所示。

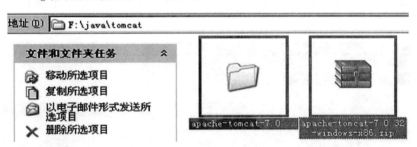

图 4.64 Tomcat 压缩文件

在打开的 Eclipse 界面中点击右上角 Java Browsing 左边的图标,点击下拉菜单的"Other"选项,如图 4.65 所示。

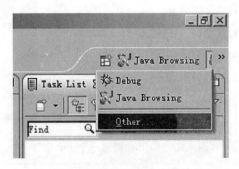

图 4.65 Java Browsing 菜单

弹出 Open Perspective 界面,选择其中的 Java EE (default),如图 4.66 所示。

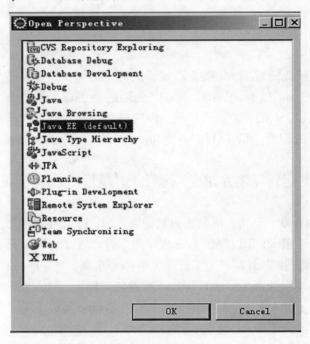

图 4.66　在 Open Perspective 界面选择 Java EE (default)

在 Eclipse 界面点击 File→New→Dynamic Web Project,新建一个项目,如图 4.67 所示。

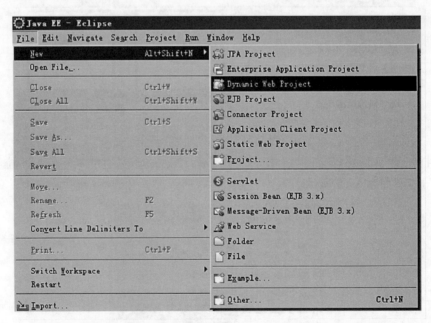

图 4.67　Eclipse 新建一个 JSP 项目

在 Eclipse 界面,点击"Server"选项卡,右键弹出"New"菜单,选择"New"下的

"Server"子菜单,弹出为新项目添加运行的服务器的窗口,如图4.68所示。

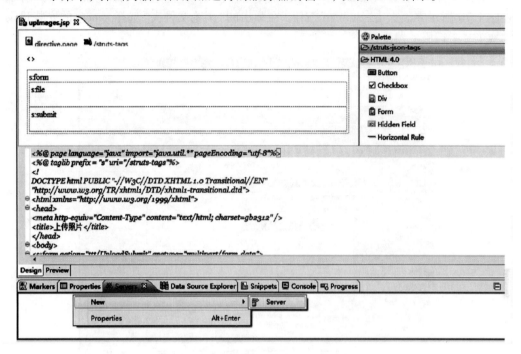

图4.68 为新项目添加运行的服务器

在图4.68所示界面点击"Server"菜单,在弹出的"New Server"窗口中选择"Tomcat v7.0 Server",如图4.69所示。

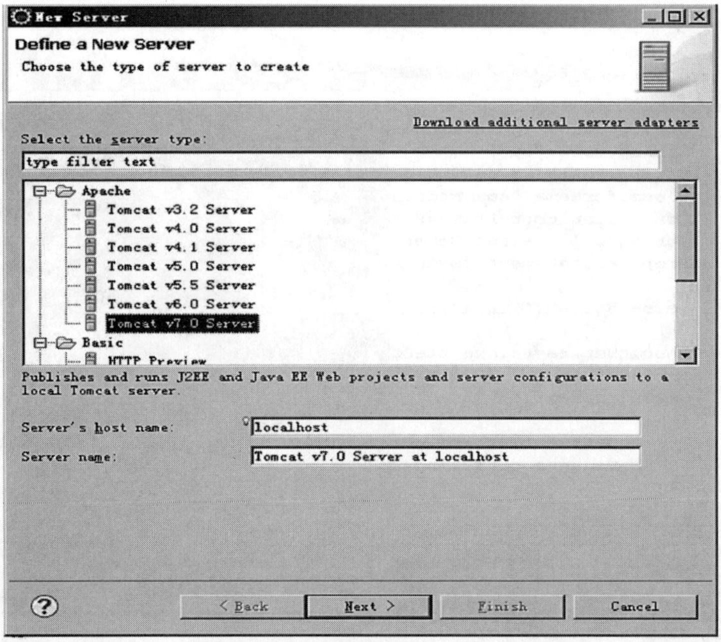

图4.69 选择"Tomcat v7.0 Server"

在图 4.69 所示界面点击"Next"按钮,弹出的"Tomcat Server"窗口如图 4.70 所示。在图 4.70 所示界面点击"Browse"按钮,在弹出的"浏览文件夹"选择 tomcat 的安装目录,完成 JSP 运行服务器配置。

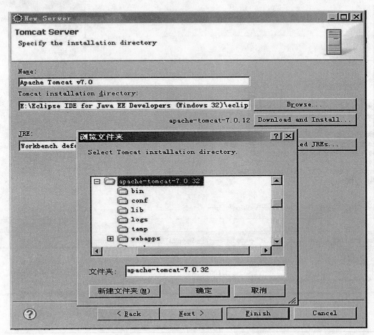

图 4.70 "Tomcat Server"窗口

在 Eclipse 界面,右键点击"Server"选项卡下的"Tomcat v7.0 Server",如图 4.71 所示。

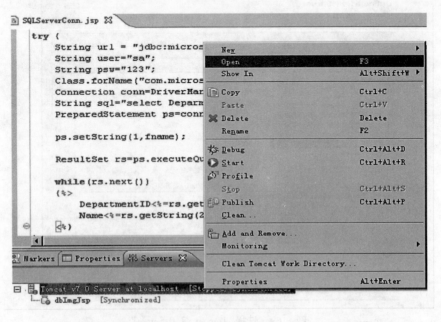

图 4.71 右键点击"Server"选项卡下的"Tomcat v7.0 Server"

在图 4.71 所示界面，选择弹出菜单中的"Open"栏，弹出窗口，配置程序在服务器 Tomcat v7.0 Server 上运行的参数，如图 4.72 所示。

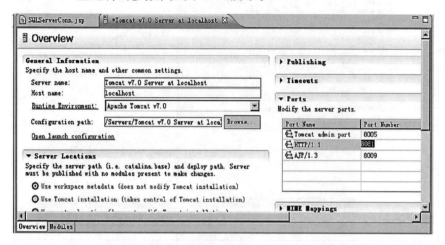

图 4.72　配置程序在服务器 Tomcat v7.0 Server 上运行的参数

再一次打开如图 4.71 所示界面，点击弹出菜单中的"Start"按钮，弹出窗口，在服务器 Tomcat v7.0 Server 上运行 Eclipse 窗口中当前显示的 JSP 程序，如图 4.73 所示。

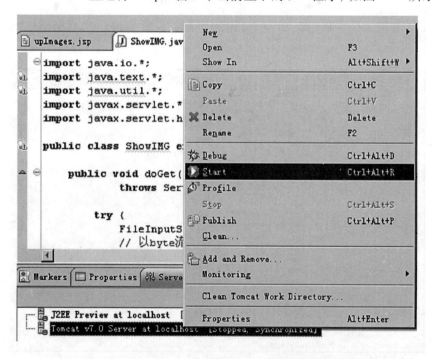

图 4.73　在服务器 Tomcat v7.0 Server 上运行 JSP 程序

也可以在 Eclipse 窗口左侧，选择 JSP 程序，右键点击弹出菜单，选择 Run As→Run on Server，在服务器 Tomcat v7.0 Server 上运行选择的 JSP 程序，如图 4.74 所示。

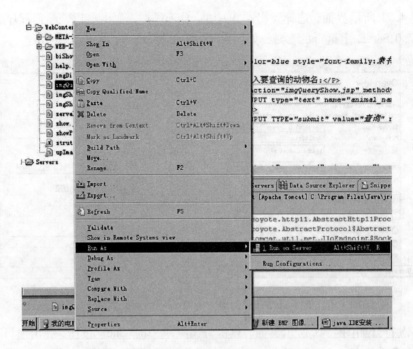

图 4.74 选择 JSP 程序运行

图 4.75 显示的是在 Eclipse 中一个 JSP 程序在服务器 Tomcat v7.0 Server 上运行的结果。

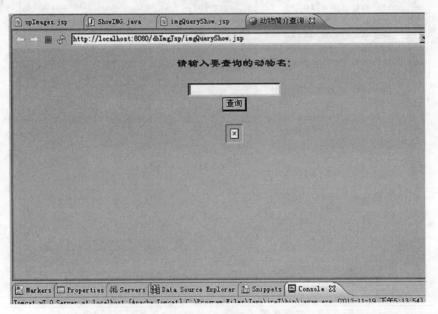

图 4.75 在 Eclipse 中一个 JSP 程序在服务器 Tomcat v7.0 Server 上运行的结果

如图 4.75 所示，JSP 程序 imgQueryShow.jsp 在 Eclipse 中的运行结果以网页的形式展示出来，模拟了用户输入网址连接服务器后，服务器返回给用户的网页内容。

4.4.2 使用 JSP 访问 SQL Server 2008 数据库举例

本节以查询 AdventureWorks 数据库为例,演示编写 JSP 程序访问 SQL Server 2008 数据库的过程。以下是查询表 HumanResources.Department 的代码。

```
<%@ page language="java" contentType="text/html;charset=GBK" pageEncoding="GBK"%>
<%@ page import="java.util.*"%>
<%@ page import="java.sql.*"%>
<% request.setCharacterEncoding("GBK");%>
<html>
<head><meta http-equiv="Content-Type" content="text/html;charset=GBK"></head>
<body>
<% Class.forName("com.microsoft.sqlserver.jdbc.SQLServerDriver");//加载数据库引擎
    String connectDB="jdbc:sqlserver://localhost:1433;DatabaseName=AdventureWorks";//数据源
    String user="sa";String password="123";
    Connection con=DriverManager.getConnection(connectDB,user,password);//连接数据库对象
    Statement stmt=con.createStatement();//创建SQL命令对象
    ResultSet rs=stmt.executeQuery("SELECT DepartmentID,Name FROM HumanResources.Department");//返回SQL语句查询结果集

    out.println("<table border=2 bordercolor=#000066>");
    out.println("<tr><td>部门ID号</td><td>部门名</td></tr>");//显示在界面的列名
    while(rs.next())
    {out.println("<TR>");
    out.print("<TD>"+rs.getString(1)+"</TD>");
    out.print("<TD>"+rs.getString(2)+"</TD>");
    out.println("</TR>");
    }
    out.println("</table>");
    stmt.close();//关闭命令对象连接
    con.close();//关闭数据库连接
%>
</body>
</html>
```

运行结果如图 4.76 所示,显示的是 SQL 语句"SELECT DepartmentID,Name FROM HumanResources.Department"的执行结果,表明 JSP 程序访问数据库成功。

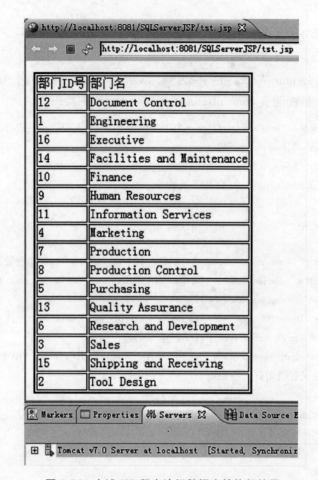

图 4.76 上述 JSP 程序访问数据库的执行结果

温馨小贴士

【经验之谈】

Tip1. 通过程序连接数据库要注意登陆用户的权限问题，若是权限不足，即使在 SQL 语句正确的情况下也会执行失败。

Tip2. 在使用 JDBC 访问 SQL Server 数据库时，要注意驱动程序和 JDK 版本的兼容性。如果读者使用 JDK6.0 及以后的版本，可以兼容 sqljdbc4.jar 和 sqljdbc.jar，如果使用 JDK6.0 之前的版本，则只能使用 sqljdbc.jar。

Tip3. 在编写 Java 或 JSP 程序访问 SQL Server 数据库时，建议在工程下新建一个目录 library，然后将需要引用的 Jar 包，如驱动程序包 sqljdbc4.jar，放在 library 中作为外部 Jar 包导入。这样，项目需要复制到其他计算机上继续开发时，不会出现路径不正确而找不到所需要引用的 Jar 包。

Tip4. 不同计算机上的 ODBC 数据源配置工具所在的位置可能不同，如 C：\WINDOWS\system32\odbcad32.exe 或 C：\WINDOWS\ServicePack\system32\odbcad32.exe，建议用户通过搜索找到该工具，以配置 ODBC 数据源。

Tip5. 在使用 Dreamweaver8.0 进行动态网页编程时，要注意将 asp 文件保存到 Dreamweaver 中的本地服务器测试文件夹路径下，同时，还需要对 Internet 信息服务中默认网站进行配置，将所要运行的 asp 文件名加入到默认网站中。而 Dreamweaver 中的本地服务器测试文件夹路径与 Internet 信息服务中默认网站的物理路径要保持一致，否则即使代码正确，也无法在浏览器中打开要运行的 asp 文件。

Tip6. 在 64 位的 Windows 操作系统中，默认的数据源（ODBC）是 64 位的，如果客户端是 32 位应用程序，就需要配置 32 位的 ODBC 数据源。32 位 ODBC 数据源的物理路径一般为"C：\Windows\SysWOW64\odbcad32.exe"，直接启动该应用程序即可开始对 ODBC 数据源进行配置。

Tip7. ASP 的安全问题需要保持警惕。任何一个网站首要解决的是安全问题，如果服务器设置的不安全，将对整个网站带来毁灭性打击。进行网页设计时，尽量不要用操作系统盘 C 盘来保存。较为安全的操作是让 C 盘以外的一个盘单独保存网站。一般设置为由 Administrator 和 System 完全控制，Everyone 读取，如果网站上必须用到写入操作，就单独对需要写入的文件所在文件夹的权限进行更改。本文的实验为了方便，在配置默认网站时，使用了 IIS 默认安装的 Web 目录，开发人员实际进行网站设计，尤其是在互联网上测试时，应尽量避免这种情况，要在系统盘以外的地方新建目录进行配置。

另一方面，在互联网上，很多木马都是用 asp 写的，通过调用 asp 组件来实现入侵。常被木马利用的 asp 组件包括 Shell.Application、WScript.Shell、WScript.Network、FSQ、Adodb.Stream 等。其中，WScript.Shell 组件可以通过执行 cmd.exe 命令"regsvr32 WSHom.ocx /u"来删除；WScript.Network 可以通过执行 cmd.exe 命令"regsvr32 wshom.

ocx /u"来删除；Shell. Application 可以通过禁止 Guest 用户使用 shell32. dll 来防止调用此组件，禁用命令为"cacls C：\Windows\system32\shell32. dll /e /d guests"。

【理论指导】

Tip8. 数据源（Data Source）：顾名思义，指的是提供某种所需要数据的器件或媒体。在数据源中存储了所有建立数据库连接的信息。就像通过指定文件名称可以在文件系统中找到文件一样，通过提供正确的数据源名称，也可以找到相应的数据库连接。

Tip9. JDBC（Java DataBase Connectivity）：Java 数据库连接，是一种用于执行 SQL 语句的 Java 应用程序接口（API），由一组用 Java 编程语言编写的类和接口组成。JDBC 为数据库程序开发人员提供了一个标准的 API，使其能够用纯 Java API 来编写数据库应用程序。

Tip10. Internet 信息服务（Internet Information Server，IIS）：互联网信息服务。它是微软公司提供的基于运行 Microsoft Windows 的互联网基本服务组件，使用户能够轻松地建立灵活、功能强大的 Internet 和 Internet 站点。IIS 一般内置在 Windows 操作系统中，需要通过"打开或关闭 Windows 功能"来安装所需要的组件，目前常用的为 IIS 6.0 或 IIS 7.0。通常，它包括了 Web 管理工具、FTP 文件服务器和万维网服务。IIS 支持与语言无关的脚本编写和组件，可以让开发人员较为轻松地开发动态的、更个性化的 Web 站点。使用 IIS 不需要学习新的脚本语言或者编译应用程序，IIS 上支持常用的 VBScript、Jscript 开发软件以及 Java，它也支持 CGI 和 WinCGI，以及 ISAPI 扩展和过滤器。

Tip11. 开放数据库连接（Open Database Connectivity，ODBC）：ODBC 是微软公司开放服务结构中有关数据库的一个组成部分，它建立了一组规范，并提供了一组对数据库访问的标准 API（应用程序编程接口），通过它可以允许应用程序使用结构查询语言（SQL）。ODBC 本身提供了对 SQL 语言的支持，用户可以直接将 SQL 语句送给 ODBC。它定义了访问数据库 API 的一个规范，这些 API 独立于不同厂商的数据库管理系统（DBMS），也独立于具体的编程语言。开发人员通过 ODBC 可以使单一的应用程序访问到不同的数据库管理系统，且不必针对特定的 DBMS 开发、编译和发布应用程序。

【文献参阅】

Tip12. 使用 JDBC 访问数据库的驱动方式主要有两种，即 JDBC – ODBC 桥接的方式和纯 Java 驱动的方式，本文讲述的是纯 Java 驱动的方式，该方式更为简便。如果想了解 JDBC – ODBC 桥接的方式访问数据库，可以参考 http://m. blog. csdn. net/article/details?id = 14609501。

Tip13. 本书仅示例了使用 SQLConnect 函数连接到 SQL Server，有关 SQL Server 2008 还可以调用 SQLDriverConnect 或 SQLDriverConnect 以使用连接字符串连接到 SQL Server，详细命令及语法规范可参阅 SQL Server 2008 联机丛书；或访问微软 msdn 网站：http://msdn. microsoft. com/zh – cn/library/。

Tip14. 本书仅简单示例了使用 VC ++、Java、ASP 和 JSP 访问数据库的方法。有关 VC ++ 程序访问数据库的更多方法，可以参考《Visual C ++ 深入详解》第二十章"Hook 和数据库访问"和《Visual C++数据库编程技术与实例》第二篇；关于 Java 程序访问数据，可以参考《Java 编程思想》第十五章"分布式计算"；关于 ASP 数据库实践，可以参考《ASP. Net Web 数据库开发技术实践教程》；关于 JSP 数据库实践，可以参考《JSP 程序设计教程》第八章"JSP 数据库应用开发"；有关 VC 中使用 MFC 连接 SQL Server 数据库的实践，可以参考 CSDN 上的博客 http://m.blog.csdn.net/article/details?id=7939693。

Tip15. 本文只简单介绍了使用 Dreamweaver8.0 建立一个基本的动态网页 asp 连接并查询数据库的方法，更多关于使用 Dreamweaver8.0 进行网页制作的方法，在 http://www.csdn.net 上有很多完整的中文教程，感兴趣的同学可以下载学习。

实验四：应用程序访问数据库

一、实验目的

1. 学会搭建应用程序(如 Java、C++等)访问数据库的编程环境。
2. 学会构建网页访问数据库的编程环境。
3. 学会使用中间件(如 JDBC 或 ODBC)进行数据库应用程序设计，以及通过中间件接口访问和操作数据库。

二、实验任务

1. 搭建应用程序(如 Java、C++等)访问数据库的编程环境，任选一种方式实现。
2. 写一个小程序实现从客户端插入数据到数据库。
3. 构建一个主页，在网页上显示自己的姓名，一个文本框和一个按钮。在文本框中输入 SQL 语句，通过按钮提交，连接数据库执行所输入的操作，实现以下结果：

(1)查询数据表中的所有内容。

(2)通过网页更新数据表的内容。

(小提示：通过网页连接数据库要注意登录用户的权限问题，若是权限不足，即使在 SQL 语句正确的情况下也会执行失败)

4. 记录实验过程中遇到的问题及其解决方案，并在实验任务完成后截图记录实验结果。
5. 撰写实验报告，总结实践经验。

三、实验条件

1. 已安装了正版 SQL Server 2008 R2 软件的计算机。
2. 已安装了正版的程序设计语言环境(如 JAVA、C++等)。
3. 在 SQL Server 2008 R2 环境中已建造了用于实验的数据库，如 xingmingtest 数据库。

四、实验报告格式

1. 封面
2. 报告正文

(1)题目

(2)实验环境

(3)构建应用程序访问数据库的过程

(a)ODBC 或 JDBC 的配置与截图

(b)通过程序向数据库插入数据并截图

(4)网页构建,网页以 xingming 方式命名
(a)主界面显示截图
(b)显示对数据库操作的结果并截图
(5)总结实践经验

第五章 建造复杂数据库

现代数据库管理系统为建立高质量数据库提供了许多新的功能，这些功能可使数据工程师建造的数据库具有更强的能力和更高的运行效率。本章以 SQL Server 2008 为例，讨论存储过程和触发器的使用。

5.1 在 SQL Server 2008 中创建和使用存储过程

存储过程是一组 Transact－SQL 语句，它们只需编译一次，以后即可多次执行。因为 Transact－SQL 语句不需要重新编译，所以执行存储过程可以提高数据库系统访问数据的效率。存储过程类似于程序语言中的函数，通过调用存储过程，可以实现存储过程中定义的功能。

在数据库系统中使用存储过程具有以下优点：首先是执行速度更快，存储过程只在创造时进行编译，而一般 SQL 语句每执行一次就编译一次，所以使用存储过程执行速度更快；存储过程处理复杂操作时，程序的可读性更强、网络的负担更小；使用存储过程封装事务其性能更佳；使数据库系统的可维护性更好，在一些业务规则发生变化时，有时只需调整存储过程即可，而不用改动和重编辑程序；有利于代码的重用。

使用存储过程也存在缺点：存储过程将给服务器带来额外的负担；存储过程较多时维护比较困难；移植性差，在升级到不同的数据库时比较困难。

一般而言，复杂的操作或需要事务操作的 SQL 语句建议使用存储过程，而参数多且操作简单的 SQL 语句不建议使用存储过程。

本章以 SQL Server 2008 为例，说明存储过程的使用。

5.1.1 创建并执行一个简单存储过程

要使用存储过程，需要先创建存储过程。使用微软 MSDN 网站[14]查询在 SQL Server 2008 中创建存储过程的 SQL 语法如下：

CREATE ｛PROC|PROCEDURE｝[schema_name.] procedure_name [; number] [｛@ parameter [type_schema_name.] data_type｝[VARYING] [= default] [[OUT[PUT]] －－名称、类型、默认值、方向
[,⋯n]
[WITH < procedure_option > [,⋯n]

[FOR REPLICATION]
AS
{<sql_statement>[;][…n]|<method_specifier>} - -SQL 语句
[;]
<procedure_option>∷ =
[ENCRYPTION]
[RECOMPILE] - -运行时编译
[EXECUTE_AS_Clause]
<sql_statement>∷ = {[BEGIN] statements [END]}
<method_specifier>∷ = EXTERNAL NAME
assembly_name. class_name. method_name

例 5 - 1 创建一个简单的存储过程，该存储过程将实现如下功能：从 AdventureWorks 数据库中的 Person. Person 表中取出第一条记录（本节使用的数据库是 AdventureWorks2008，可以在 http://msftdbprodsamples. codeplex. com/releases/view/93587 下载该数据库的 ldf 和 mdf 文件，通过教程第一章附加数据库的方法添加到 SQL Server 2008 服务器中，不同数据库中的表名和表模式不尽相同，读者上机操作时需注意代码中的表名和属性名）。

存储过程的创建代码如下（更高效地查询语句，参见第五章温馨小贴士 Tip1；存储过程命名规则，参见第五章温馨小贴士 Tip3）：

CREATE PROCEDURE dbo. uspGetContact2
AS
SELECT TOP 1 BusinessEntityID，FirstName，LastName
FROM Person. Person

创建完上面的语句后，使用下面的命令可以执行该存储过程（更高效地执行存储过程，参见第五章温馨小贴士 Tip2）：

Use AdventureWorks2008
Go
EXEC dbo. uspGetContact2

执行 dbo. uspGetContact2 的结果如图 5.1 所示。

5.1.2 带输入参数的存储过程

本小节通过例子说明如何建立一个带参数的存储过程。为简单起见，我们在例 5 - 1 的基础上建立这个带参数的存储过程。

例 5 - 2 创建一个带参数的存储过程：传入一个参数，根据传入的参数来查询相应的记录。

为了更好地利用例 5 - 1 创建的过程，这次我们就不用重新再创建一个存储过程了，而是使用 ALTER PROCEDURE（注意：不是 CREATE PROCEDURE）来修改上例中已经建好的存储过程。

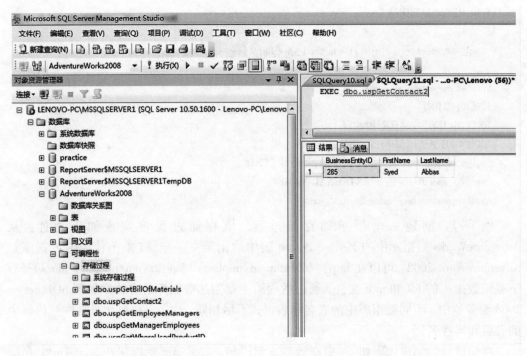

图 5.1 执行 dbo.uspGetContact2 的结果

代码如下：

ALTER PROCEDURE dbo.uspGetContact2 @LastName NVARCHAR(50)
AS
SELECT TOP 1 BusinessEntityID, FirstName, LastName
FROM Person.Person
WHERE LastName = @LastName

有两种不同方法执行上述存储过程。第一种方法仅仅传入了我们想要的参数值，而第二种方法包含了参数名和参数值。这两种方法都可以运行该例中的存储过程。

方法一：执行语句

EXECdbo.uspGetContact2′Alberts′

按"方法一"执行的结果如图 5.2 所示。

方法二：执行语句

EXECdbo.uspGetContact2 @LastName = ′Alberts′

5.1.3 带输入输出参数的存储过程

在存储过程中查询后得到的 BusinessEntityID，可以利用输出参数得到返回值。用户查询人员表中的其他字段，如 BusinessEntityID、FirstName、LastName 以及这个人的任何地址记录，都可以通过输出参数得到返回值。以下通过一个例子，说明如何创建一个带输入和输出参数的存储过程，即所建立的存储过程既有输入参数也有输出参数。

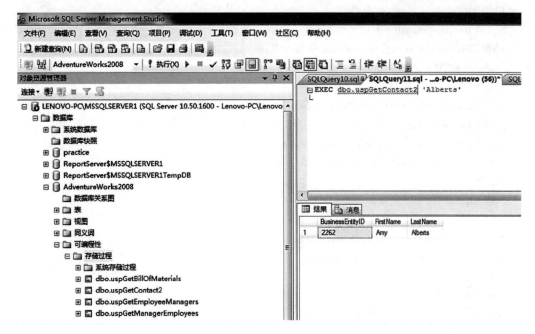

图 5.2 按"方法一"执行的结果

例 5 – 3 修改存储过程 uspGetContact2，使其基于返回的值查询人员的姓名和地址等信息。

代码如下：

ALTER PROCEDURE dbo. uspGetContact2 @ LastName NVARCHAR（50），@ BusinessEntityID INT output

AS

SELECT TOP 1 @ BusinessEntityID = c. BusinessEntityID

FROM

HumanResources. Employee a

INNER JOIN

HumanResources. EmployeeDepartmentHistory b

ON a. BusinessEntityID = b. BusinessEntityID

INNER JOIN

Person. Person c ON

a. BusinessEntityID = c. BusinessEntityID

INNER JOIN

Person. Address d

ON b. BusinessEntityID = d. AddressID

WHERE c. LastName = @ LastName

存储过程修改后，运行如下代码将执行该存储过程，如果 BusinessEntityID 有值，就会返回人员和地址信息。

```
DECLARE @BusinessEntityID INT
SET @BusinessEntityID = 0
EXEC dbo.uspGetContact2 @LastName = 'Smith', @BusinessEntityID = @BusinessEntityID OUTPUT IF
@BusinessEntityID <> 0
BEGIN
SELECT BusinessEntityID, FirstName, LastName
FROM Person.Person
WHERE BusinessEntityID = @BusinessEntityID
SELECT d.AddressLine1, d.City, d.PostalCode
FROM
HumanResources.Employee a
INNER JOIN
HumanResources.EmployeeDepartmentHistory b
ON a.BusinessEntityID = b.BusinessEntityID
INNER JOIN
Person.Person c
ON a.BusinessEntityID = c.BusinessEntityID
INNER JOIN
Person.Address d
ON b.BusinessEntityID = d.AddressID
WHERE c.BusinessEntityID = @BusinessEntityID END
```

上述代码的执行结果如图 5.3 所示。

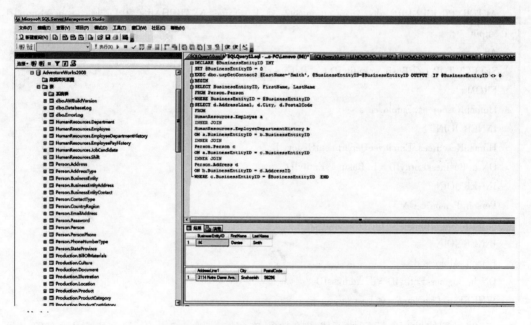

图 5.3 执行带输入输出的存储过程

5.1.4 程序中调用存储过程

和程序访问数据库类似,可以通过在程序中执行 SQL 语句调用存储过程,实现存储过程中定义的功能(更多优势,参见第五章温馨小贴士 Tip4)。以下以 5.1.2 节中定义的存储过程为例(注意不要使用 5.1.3 节中修改后的存储过程),介绍 Java 使用 JDBC 调用 SQL Server 2008 中的存储过程(为了在程序中更好地使用存储过程,存储过程的编写注意事项参见第五章温馨小贴士 Tip5)。

JDBC 可以通过 CallableStatement 类支持存储过程的调用,该类是 PreparedStatement 的一个子类。可以构造一个 CallableStatement 类的对象,通过该对象的 prepareCall (String) 函数传入存储过程的名,可以通过对象的 setInt(m, int) 函数传入存储过程的第 m 个整型参数,可以通过对象的 setString(n, String) 函数传入存储过程的第 n 个字符型参数,更多参数传递方法参考 MSDN。

例5-4 编写调用例 5-2 定义的存储过程 dbo. uspGetContact2 @ LastName NVARCHAR(50) 的 Java 代码,该程序的执行结果和在 SSMS 中执行 EXEC dbo. uspGetContact2 'Smith'返回相同的结果。

程序代码如下:

```
package SQL;
import java.sql.CallableStatement;
import java.sql.Connection;
import java.sql.DriverManager;
import java.sql.ResultSet;
import java.sql.ResultSetMetaData;
public class Direct_Con{
    public static void main(String[] args) {
        String url = "jdbc:sqlserver://localhost:1433;DatabaseName = AdventureWorks2008";
        //cmd 通过 netstat -an 可以查询端口
        String user = "liubin";
        String password = "123";
        String SDriver = "com.microsoft.sqlserver.jdbc.SQLServerDriver";
        try {
            Class.forName(SDriver);
            Connection con = DriverManager.getConnection(url, user, password);
            CallableStatement proc = con.prepareCall("{call uspGetContact2(?)}");
            proc.setString(1, "Smith");
            ResultSet rs = proc.executeQuery();
            //输出所有查询结果
            ResultSetMetaData rsmd = rs.getMetaData();
            int col = rsmd.getColumnCount();
            while(rs.next()){
```

```
                int i = 1;
                String str = "";
                while( i < = col ){
                    str = str + rs. getString( i ) + " \t \t";
                    i ++;
                }
                System. out. println( str );
            }
            rs. close( );
            con. close( );
        } catch( Exception err ){
            err. printStackTrace( System. out );
        }
    }
}
```

传给 prepareCall 方法的字串是存储过程调用的书写规范。它指定了存储过程的名称,"?"代表了用户需要输入的参数(有多个参数输入时用多个",'隔开多个"?")。存储过程和 JDBC 集成为应用开发带来了便利,用户除了需要配置 JDBC 驱动程序外,不需要更多的其他配置,便可从应用中调用存储过程。

编译运行,查询的部分结果如图 5.4 所示。

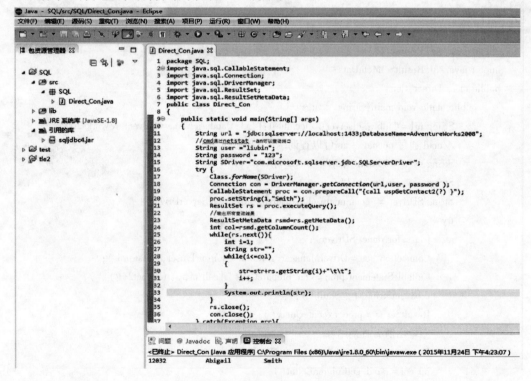

图 5.4　在 Java 程序中调用存储过程

与 Java 使用 JDBC 调用 SQL Server 2008 中的存储过程极为类似,读者可以结合第四章中程序访问数据库的方法,尝试在 VC++ 环境下使用 ODBC 调用 SQL Server 2008 中的存储过程。

5.2 创建和使用触发器

触发器(trigger):是一种通过事件来触发的特殊存储过程,可以用来对表实施复杂的完整性约束,保持数据的一致性。当触发器所针对的事件发生时,触发器会被自动激活,进而执行触发器中所定义的相关操作,从而加强数据的完整性约束(创建触发器的注意事项参见第五章温馨小贴士 Tip6)。

在 SQL Server 2008 中,根据触发条件针对的事件不同,有如下三种类型的触发器:

(1)DML 触发器:针对数据库中发生的数据操纵语言(DML)事件。DML 事件即指在表或视图中修改数据的 INSERT、UPDATE、DELETE 等操作(不同的 DML 事件对应的触发器内部过程参见第五章温馨小贴士 Tip7)。

(2)DDL 触发器:针对服务器或数据库中发生的数据定义语言(DDL)事件。DDL 事件即指对数据库或数据表的 CREATE、ALTER、DROP 等操作。

(3)登陆触发器:针对用户登录 SQL Server 实例建立会话的事件。

本章的实验主要针对前两种常用的触发器进行示例。

5.2.1 创建 DML 触发器

根据 DML 触发器触发的方式不同,可分为两种情况:AFTER 触发器和 INSTEAD OF 触发器。

1. AFTER 触发器

AFTER 触发器是在执行 INSERT、UPDATE、DELETE 语句操作之后执行触发器操作。它主要是用于记录变更后的处理或检查,一旦发生错误,可以用 Rollback Transaction 语句来回滚本次事件,不过不能对视图定义 AFTER 触发器。在 SQL Server 2008 中 FOR 与 AFTER 用法相同。

由于 AdventureWorks 数据库中已有大量复杂的关系约束,这里我们另外建立两个简单表进行触发器的实验。

首先我们构建一个 Student 表和一个 borrowrecord 表分别存储学生信息和学生借书记录信息,其中,Student 表中有两个属性:姓名(nchar)和学号(int)。borrowrecord 表中也有两个属性:bookID(int)和学号(int)。

如下图 5.5 所示,为借书记录表的创建过程与内容,Student 表的构建与之相类似。

例 5 – 5 使用 AFTER 语句创建一个 DML 触发器,使得当 Student 表中记录的学号

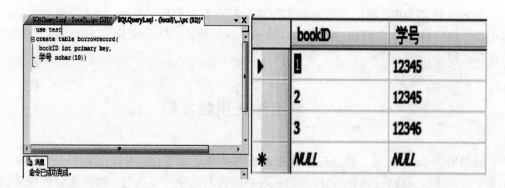

图 5.5　borrowrecord 表的创建

发生改变时，借书记录表 borrowrecord 中的学号值也随之改变。

AFTER 语句创建的一个 DML 触发器如图 5.6 所示，该触发器保证了当 Student 表中一条记录的学号数据被更新后，借书记录表 borrowrecord 中的相应学号值也随之更新。

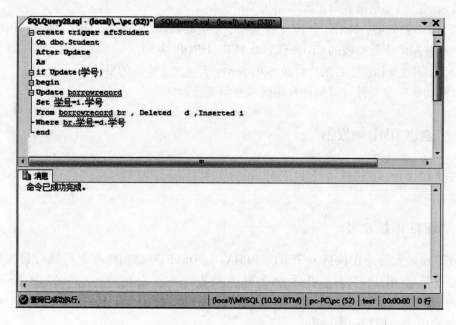

图 5.6　使用 AFTER 语句创建一个 DML 触发器

上述触发器创建后，如果执行如图 5.7 所示的 SQL 语句，则对 Student 表中学号信息进行更改，学号"12345"的记录信息被更新为"12348"。

上述更新操作完成后，通过如图 5.8 所示的查询操作，我们可以看到：虽然只对 Student 表中的记录执行了更新操作，但是由于触发器的作用，borrowrecord 表中的记录信息也随之发生了改变。

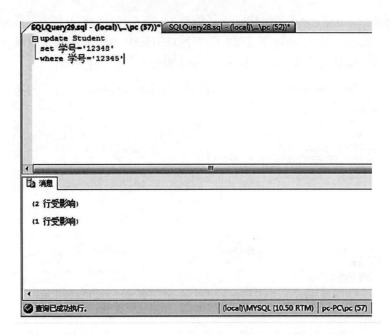

图 5.7　更新 Student 表

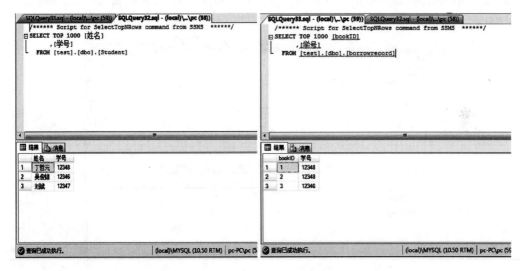

图 5.8　Student 表与 borrowrecord 表的更新结果

2. INSTEAD OF 触发器

INSTEAD OF 触发器与 AFTER 触发器的区别在于，INSTEAD OF 触发器所定义的操作在执行插入、更新、删除语句操作之前触发执行，并且不再执行插入、更新、删除等语句的触发事件操作。即 INSTEAD OF 触发器所定义的操作将替代插入、更新、删除等触发事件的操作。另外，INSTEAD OF 触发器是可以定义在视图上的。

例 5-6　对 Student 表创建一个 INSTEAD OF 触发器，使其在删除 Student 表中学号信息时，仅删除 borrowrecord 表的相应学号信息，而不删除 Student 表中的学号信息。

如图 5.9 所示，对 Student 表创建了一个 INSTEAD OF 触发器，该触发器在删除 Student 表中学号信息时，执行删除 borrowrecord 表相应信息的操作。

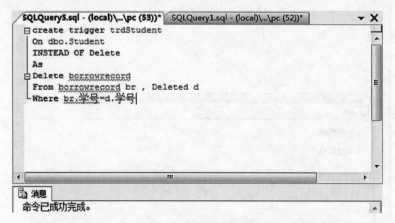

图 5.9　创建 INSTEAD OF 触发器实例

为了检验上述触发器的执行效果，我们执行一个如图 5.10 所示的删除操作，删除 Student 表中学号为"12345"的学生记录，然后再分别查看 Student 表和 borrowrecord 表中的信息。

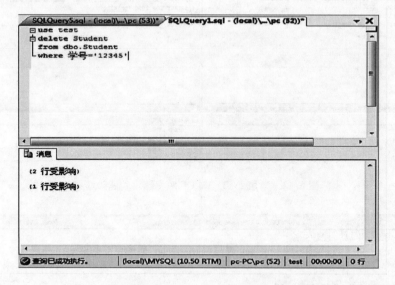

图 5.10　删除 Student 表中学号为"12345"的记录

通过如图 5.11 所示的查询操作，可以看到，表 Student 中记录并未发生变化，而 borrowrecord 表中学号为"12345"的借书记录已经被删除。这正是 INSTEAD OF 触发器的效果。

为了比较 INSTEAD OF 触发器的执行效果，现在我们把该触发器禁用，直接执行删除 Student 表中学号为"12346"的记录。如图 5.12 所示，可以看到，这次 Student 表中的

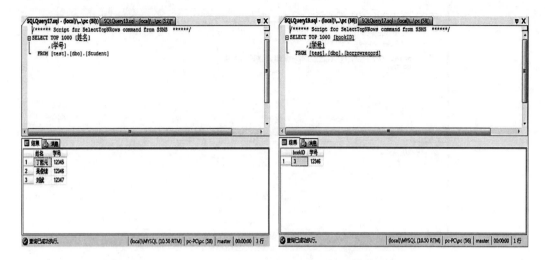

图 5.11 Student 表和 borrowrecord 表中的查询结果

相应记录被成功删除,而 borrowrecord 表中的信息却没有变化。

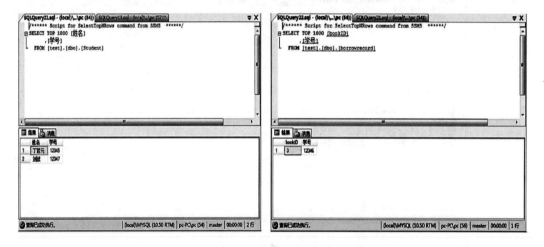

图 5.12 禁用 INSTEAD OF 触发器后的删除结果

5.2.2 创建 DDL 触发器

DDL 触发器是由 DDL 语句触发而执行的操作,DDL 语句主要用于定义或修改数据库对象,包括对数据库和数据表的创建、修改或删除等。

例 5-7 创建一个 DDL 触发器,禁止在服务器中删除数据库。

如图 5.13 所示,创建了一个 DDL 触发器,该触发器将阻止在服务器中的所有数据库删除操作。

为了检测该触发器的效果,如图 5.14 进行测试,可看到该触发器有效阻止了对服务器上数据库 MASTER 的删除操作。

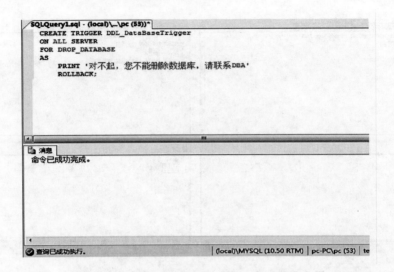

图 5.13　创建 DDL 触发器禁止删除数据库

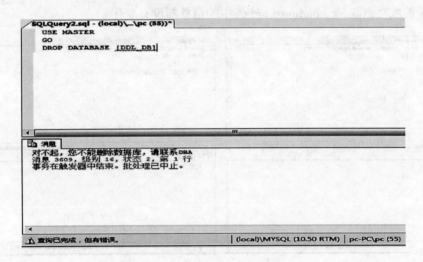

图 5.14　执行删除数据库操作结果

DDL 触发器还有许多其他用法，包括记录数据库的修改信息，方便对信息进行跟踪检查，这里不一一详述了(参见第五章温馨小贴士 Tip14)。

温馨小贴士

【经验之谈】

Tip1. 在存储过程中使用 Select 语句时，除了返回对应的结果集外，还将返回相应的影响行数，使用 Set NOCOUNT ON 后，将只返回结果集，能够减少网络流量。

Tip2. 使用存储过程时，最好加上确定的 Schema，这样 SQL Server 能够直接找到对应的存储过程。比如使用"call dbo.uspGetContact2(?)"比使用"call uspGetContact2(?)"，SQL Server 能更快找到 uspGetContact2 并执行。在使用 Select 语句查询表时也与之类似。

Tip3. 自定义的存储过程不要用 sp_ 开头，因为存储过程以 sp_ 开头，SQL Server 将首先去 master 数据库中查找该存储过程，然后才到当前数据库中查找该存储过程。建议自定义存储过程命名使用 usp_ 或其他字符开头。存储过程命名时在名称前添加"#"或"##"，用于表明所建立的存储过程是局部临时存储过程或全局临时存储过程。

Tip4. 可以将存储过程作为一种安全机制来充分利用。系统管理员通过对执行某一存储过程的权限进行设置，能够实现对相应数据访问权限进行控制，避免非授权用户对数据的访问，达到保证数据安全的目的。

Tip5. 与编写 C++ 和 Java 等程序类似，编写存储过程时应该多使用注释，这能使其他用户能够更快地理解该存储过程，以便使用和维护该存储过程。

Tip6. 使用触发器要注意，同一时间、同一事件、同一类型的触发器只能有一个，且各触发器之间不能有矛盾。

Tip7. UPDATE 数据时，inserted 表中存放更新后的记录，deleted 表中存放更新前的记录；INSERT 数据时，inserted 表中存放新增的记录，deleted 表中无记录；DELETE 数据时，inserted 表中无记录，deleted 表中存放被删除的记录。

【理论指导】

Tip8. 插入表（inserted 表）和删除表（deleted 表）：这两张表是存储器中的两个特殊的临时表，两张表都是只读的，只能读取数据而不能修改数据，其结构与触发器被触发时的相关表结构相同。在触发器执行完毕后，这两张表也会自动删除。inserted 表的数据是插入或修改后的数据，而 deleted 表的数据是更新前的或是删除的数据。

Tip9. 存储过程（Stored Procedure）：是在大型数据库系统中，一组为了完成特定功能的 SQL 语句集，存储在数据库中，经过一次编译后再次调用，不需要再次编译，用户通过制定存储过程的名字并给出参数（如果该存储过程带有参数）来执行它。存储过程是数据库中的一个重要对象，任何一个设计良好的数据库应用程序都应该用到存储过程。

Tip10. 触发器（Trigger）：是一种特殊类型的存储过程。主要是通过事件进行触发而被执行的，存储过程可以通过其名字被直接调用。当对某一表进行如 UPDATE、INSERT、DELETE 这些操作时，SQL Server 就会自动执行触发器所定义的 SQL 语句，从而确保对数据的处理必须符合由这些 SQL 语句所定义的规则。

【参阅文献】

  Tip13. 有关创建存储过程的其他方法及应该注意的问题，可以进一步参考：白杨. 探究 SQLSERVER 存储过程[J]. 电脑知识与技术，2011, 07(12)8769 – 8770.

  Tip14. 有关触发器的各种使用方法，可以进一步参考：王彤，王良，尚文倩. 数据库技术及应用课程实践[M]. 北京：清华大学出版社,2011.

实验五：存储过程与触发器的创建和使用

一、实验目的

1. 在 SQL Server 查询分析器中完成存储过程的创建和使用。
2. 至少掌握使用一种程序语言创建和调用存储过程。
3. 学会创建和使用 SQL 触发器。
4. 学会使用触发器实现对数据库、数据表、视图等的保护，禁止对它们的删除。
5. 学会使用触发器实现数据表之间的关联操作，当一个表更新时,将与之关联的表同步更新。

二、实验任务

1. 存储过程的创建和使用。

打开数据库 SQL Server 2008 的查询分析器，用 SQL 语言实现以下语句的功能。并通过实验结果验证查询语言的正确性，将每个 SQL 语言及查询结果截图保存，作为实验报告上交，以备老师检查。

1.1 在 AdventureWorks 数据库中创建一个这样的存储过程，能够实现：输入一个表名和表中的某一属性名，以及该属性的一个取值，查询表中记录的所有信息，这些记录需要满足在该属性上取值为输入的属性取值。

1.2 输入表名为 Contact.Person，属性名为 PersonID，属性取值为 13，调用 1.1 中建立的存储过程，输出执行结果。

2. 掌握使用一种程序语言创建和调用存储过程。

2.1 使用程序语言实现修改 1.1 中建立的存储过程，要求实现以下功能：输入一个表名和表中的某一取值类型为字符型的属性名，以及一个字符串，查询表中记录的所有信息，这些记录需要满足在该属性上的字符串取值中包含输入的字符串。

2.2 输入表名为 Contact.Person，属性名为 Name，属性取值为 George，使用程序语言调用 2.1 中建立的存储过程，输出执行结果。

3. 在第一章创建的实验数据库 xingmingtest 下，创建数据表 Student 和表 Borrowrecord。

4. 创建表的过程可以自由选择方法：在 SQL Server 2008 中用 SQL 语句创建；在对象资源管理器中右击创建。表的属性约束见下表。

Student 表：

列名	数据类型	说明
学号	int	主键,不允许为空
姓名	varchar(50)	不允许为空

Borrowrecord 表：

列名	数据类型	说明
图书编号	int	主键，不为空
借阅人 ID	int	借阅人的证件号，学生为学号
借阅人	varchar(50)	借阅人姓名

5. 通过企业管理器或查询分析器向数据库中输入数据，具体数据如下表所示。

Student 表内容：

学号	姓名
150501	张三
150502	李四
150503	王五

Borrowrecord 表内容：

图书编号	借阅人 ID	借阅人
4001	150501	张三
4002	150502	李四
4003	150503	王五

6. 使用触发器实现以下功能。

（1）对 Student 表创建触发器，禁止用户删除 Student 表。

（2）当 Student 表中某学生学号发生改变时，更新 Borrowrecord 表中对应的借阅人 ID。

三、实验条件

1. 已安装了正版 SQL Server 2008 R2 软件的计算机。
2. 已安装了正版的程序设计语言环境（如 JAVA、C++等）。

四、实验报告格式

1. 封面
2. 报告正文
（1）题目
（2）实验环境
（3）存储过程的创建与截图
（4）程序调用存储过程截图

(5)数据表 Student 和表 Borrowrecord 的创建与截图
(6)触发器的创建与截图
(a)删除型触发器的创建与截图
(b)更新型触发器的创建与截图
(7)总结实践经验

下篇 高级应用能力训练

GAOJI YINGYONG NENGLI XUNLIAN

针对现实世界的复杂应用开发一个数据库系统，必须保证数据库中存放的数据是正确和完备的，能够满足应用的数据所需。为此，必须要有一套数据建模的开发方法学指导数据库系统的开发。下篇首先学习数据库系统的开发方法，然后，分别从数据安全、多媒体数据、数据联机分析、数据仓库与数据挖掘等方面学习数据库系统的开发和应用技术。其主要步骤如下图所示：

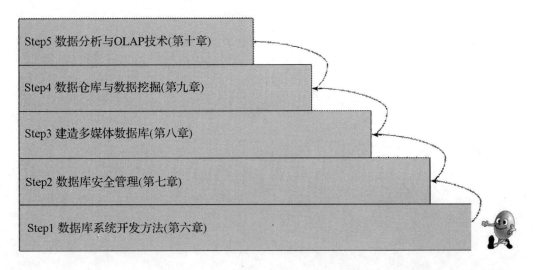

在掌握了怎样使用数据库管理系统软件的基本功能之后，初学者需要掌握一套数据库系统的开发方法学，指导数据库系统开发，以保证数据库开发的质量(第六章)；数据通常蕴藏着企业的商业机密，或个人的隐私，开发数据库系统必须保证数据的安全性，学会基本的数据安全防范策略是十分重要的(第七章)；现实世界的复杂性使得获取的数据具有多样性，如文本数据、音频数据、视频数据、时空数据等，怎样根据数据的特点构建高效的数据库系统，是数据库设计师和数据工程师需要掌握的重要技能(第八章)；21世纪是大数据的时代，随着信息技术的快速发展，企业和组织积累的数据在逐渐增多，形成海量或巨量的数据，怎样基于数据库构建数据仓库，以及怎样从数据库或数据仓库中挖掘和发现数据中蕴藏的重要信息和知识(第九章)，以增强组织的竞争力，是大数据时代数据工程师和数据库管理员必须具备的基本技能；最后，数据对决策的支持是多方面，包含不同的层次，怎样利用数据分析方法和相关工具，辅助决策者决策是数据工程师和数据分析师未来需要积极探索的重要研究方向(第十章)。

第六章 数据库系统开发方法

本章概要介绍数据库系统的开发过程和开发方法。使用数据库管理系统 DBMS 提供的工具建造一个数据库并不难,真正的困难在于怎样建造一个能满足用户需求的有效数据库[2]。在解决实际问题时,我们建造的数据库不仅需要满足用户的数据需求,而且必须保证数据是一致的、可靠的、安全的和可高效访问的。因此,为保证开发出高质量数据库,数据库系统的开发需要一套方法学指导数据库和应用程序的建造。

本章重点讲授数据库的开发过程和方法,有关信息系统的完整开发方法学参见参考文献[3]。

6.1 数据库系统的开发过程

一个数据库系统的开发包括借助于数据库管理系统(DBMS)开发的数据库和使用高级语言开发的、对数据库数据进行处理的应用程序。如图 6.1 所示(原图引自参考文献[1]),图中灰色方框标识了在 DBMS 中构建的数据库;灰色的椭圆分别标识了访问数据库的应用程序接口,以及程序员编写的利用数据库的应用程序代码。

一个数据库系统就是一个小型的信息系统,它的开发过程大致可分为五个阶段:数据库系统需求分析、数据库系统设计、数据库系统实施、数据库系统的运行和数据库系统的维护。资料表明:80%的信息系统都会涉及数据库[2],因此,数据库的开发技术是信息系统开发的基础技术之一。

数据库系统需求分析:针对数据库系统的开发目的,从系统业务视角分析数据库系统的功能需求和数据需求。信息系统的需求分析通常会从旧系统的调研和缺陷分析入手。对于大型复杂的信息系统,一般通过自顶向下的目标分解获得不同层次的功能需求;通过自底向上逐层抽象获得不同功能所需的数据需求。新系统的需求文档一般包括功能需求分析、数据需求分析和人机交互接口需求分析。

数据库系统的设计:从信息技术的视角,设计数据库系统的实现方案。主要包括系统实现的体系结构(包括硬件、网络和相关设备等)、软件模块及其分布、数据库的设计、输入与输出(包括用户界面)的接口设计等。

数据库系统的实施:编程和构建完整的数据库系统。主要包括网络构建、数据库构建与安装、程序编制、系统测试等环节。

数据库系统的运行:指数据库系统正式进入执行状态。在此期间,可能需要不间断

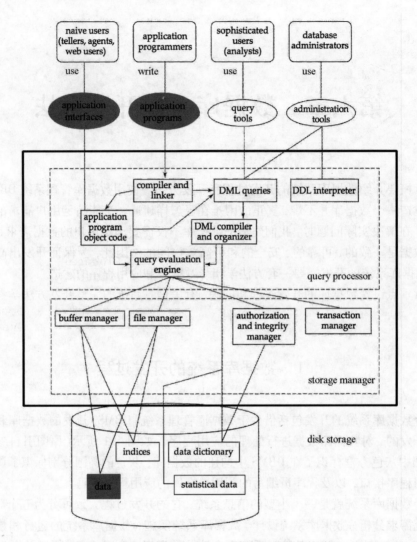

图6.1 数据库管理系统 DBMS 与数据库系统的关系

的技术支持,以便改正开发中可能出现的错误或添加遗漏的功能。

数据库系统的维护:指数据库系统运行过程中,对系统故障的修复,以及对数据库系统演化的支持。

上述数据库系统的开发过程包含了数据库的开发过程。单独将数据库的开发过程剥离出来,可分为三个主要环节:数据需求分析、数据库设计(包括概念建模、逻辑建模和物理建模)和数据库实现,如图6.2所示。

数据需求分析:数据库的数据需求主要来自系统的功能需求,即为实现所需功能需要哪些数据支持。

数据库设计包括概念建模、逻辑建模和物理建模。其中,概念建模是指用规范的 ER 模型及其文档说明,明确定义数据需求;逻辑建模是指将 ER 图转换成关系表(这里的逻辑设计仅考虑关系数据模式),并进行关系模式的规范化设计,以及关系模式的完

第六章 数据库系统开发方法

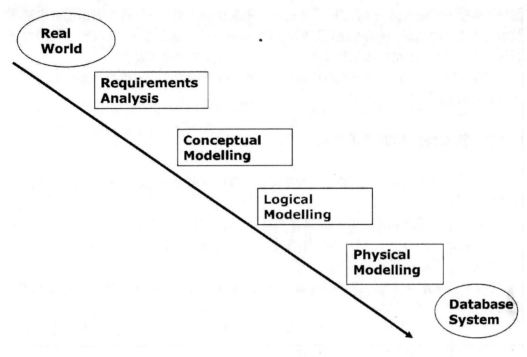

图 6.2 数据库开发的基本过程

整性约束设计；物理建模主要包括视图设计、文件系统设计和索引设计。

数据库实施包括数据库建造，应用程序编码和数据库系统测试。

6.2 数据库系统的数据需求分析

数据库系统需求分析首先从旧系统的缺陷分析与批判入手；然后，设计新的业务流程，基于新业务流程确定新系统的功能需求；最后，依据功能需求进一步确定数据需求和接口需求，并形成用户需求规范文档。

6.2.1 数据视角的旧系统分析与批判

开发新数据库系统的出发点是对当前老系统存在的弊端进行分析和批判，确定开发新系统的必要性、新系统的收益以及开发成本。分析老系统存在的问题并设计新的业务流程有多种方法[3]，其主要宗旨是新系统能够实现组织业务流程的创新、革新和自动化[4]（参见第六章温馨小贴士 Tip1）。

老系统可能没有数据库，也可能有数据库，但不一定能满足企业、用户的需求（参见第六章温馨小贴士 Tip2）。分析老系统存在的数据问题可从三个方面入手：其一，从功能分析的角度，分析老系统缺少哪些方面的功能，这些功能需要哪些数据的支持，这些数据很可能就是现有系统缺失的数据；其二，从数据分析的角度，先分析老的系统缺失、忽略了哪些方面的数据，然后，针对这些以前未重视的数据，研讨这些数据能带来哪些技术或方法上的创新，使新系统具备哪方面的新能力或功能；其三，从组织未来的发展目标角度，重构组织结构和业务流程，形成新的功能需求和数据需求。

因此，在需求分析阶段发现新功能或新数据，就可能为企业或组织带来创新的新契机和发展机遇。

6.2.2 新系统的功能需求分析

在新的业务流程确定后，新系统的功能需求分析就可采用"画小人，讲故事"的用例建模方法[3]实现。

"画小人"是指先确定新系统的所有参与者。这里的参与者泛指与新系统交互的任何事物，可以是人、组织、另一个信息系统、一个外部设备、时间触发的系统事件等。

六种主要的参与者类型如下：

(1)主要业务参与者。指直接与新系统交互的用户，例如，ATM 机上存款、取款、转账的用户。

(2)主要系统参与者。指直接与新系统交互，发起或触发业务或系统事件的关联人员。例如，银行出纳员处理一个存款事务。

(3)外部服务参与者。指响应用户的某一请求，以完成某一功能的外部服务程序，例如，信用卡部门认证一个信用卡支付。

(4)外部接收参与者。不是主要参与者，但接受新系统的信息，以完成一个特定的功能，例如，当顾客下了一个订单后，仓库收到一个打包单准备发货。

(5)时序事件参与者。是指由时间自动触发的系统事件，例如，每周固定时间产生的周报表，每月固定时间产生的工资单等。

(6)维护系统的参与者。是指维护系统信息的管理人员，例如，数据库管理员。

"讲故事"是根据每一个参与者确定业务需求用例。这里的业务需求用例就是新系统要完成的功能。确定新系统的功能可通过如下步骤完成：

(1)画出新系统与所有参与者之间的主要信息输入、输出交互图，称之为新系统的上下文图。上下文图是分析新系统的参与者，确定系统的主要输入和输出，以及发现潜在的用例的重要方法。

(2)在上下文图中触发组织内的业务事件的主要输入将被确定为用例，即一个独立的功能，完成该功能的外部各方被认为是用例的参与者。

(3)功能(即用例)的名称采用输入的名称前加一个行动动词来命名。例如，客户输入一个"产品名称"，希望查看产品信息，功能的名称可命名为"查看产品"。

将所有相同的功能进行合并，相关的用例被组合成业务子系统，子系统表示了业务过程的一个逻辑功能区。

例6-1 "管理信息系统 CyclesMIS"项目的研发目的是为一个自行车公司 Adventure Works Cycles 开发一个在线的公司信息管理系统。该系统主要有五类用户：①人力资源经理在办理新的产品生产线或撤销旧生产线时，能够针对产品经理的就职、新员工入职以及旧人员离职等,添加或删除人员(Employee)信息,管理人事变动,同时,可授权特定产品经理管理相关产品的模型、图纸和用于制造自行车和自行车子部件的生产材料等重要信息;②产品经理有权查看自己负责的特定产品的生产信息,以及修改和管理这些信息;③公司职员可查看自己的相关信息;④公司客户可查看该公司的产品信息,但无权查看这些产品的生产信息;⑤报表生成机制负责产生有关人事和产品生产、销售的月报表。

如图6.3所示,是 Adventure Works Cycles 公司开发的自行车公司管理信息系统的上下文图。图6.3中的用例可被建模为图6.4的用例模型图。新的自行车公司管理信息系统包括三个子系统:人员管理子系统、产品管理子系统和报表生成系统。

由于该系统需要采用"浏览器"+"服务器"体系结构实现,其系统体系结构可采用三层B/S网结构,数据集中存储于数据库服务器,如图6.5所示。

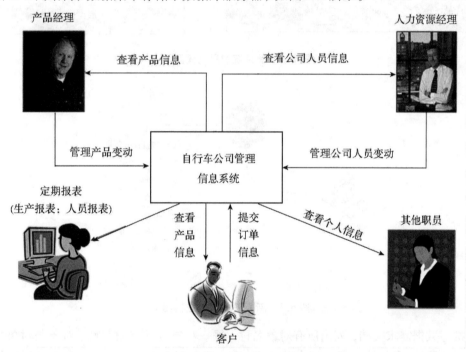

图6.3 新系统的上下文图示例

如图6.4所示为新的用例模型图,包含四个子系统:订单子系统、人事管理子系统、产品管理子系统、报表生成子系统。其中,报表生成子系统统计的是产品经理所设计产品的总订单数,即每个产品经理生成的报表都不相同。

6.2.3 新系统的数据需求分析

针对新系统用例模型图中的每一用例,仔细分析完成该功能可能涉及的所有业务对象,对所有的业务对象进行列表,进一步分析这些业务对象之间可能存在的关系,以及每一业务对象、联系可能具有的属性列表(参见第六章温馨小贴士Tip3)。

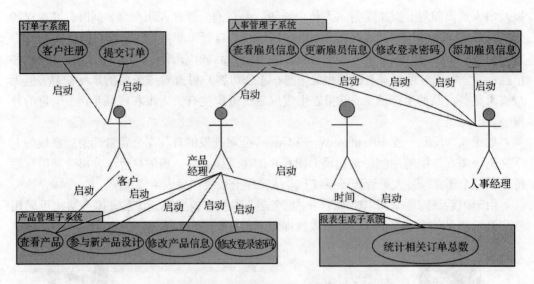

图6.4 新系统的用例模型图

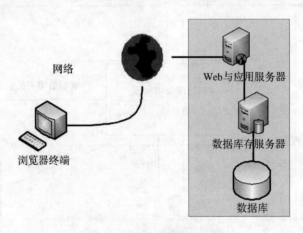

图6.5 新系统的体系结构图

撰写数据需求文档，列出所有对象名称、每一对象应具有的属性、对象与对象之间的联系及属性（参见第六章温馨小贴士Tip4）。这样就获得了数据库永久存储所需的业务数据需求。

例如，"查看产品用例"就涉及产品对象，该对象的属性包括产品号、产品名称、产品类型、产品尺寸、生产时间、销售价格等；"查看人员用例"就涉及员工对象，该对象的信息包括员工号、姓、名、职务、e-mail地址、电话等。员工对象和产品对象存在多到多的联系，一个产品由多个人参与生产，一个人可参加多个产品的生产。

在该阶段要注意调研和分析业务运作规则，对上述数据逐一记录所涉及的业务规则，形成关于数据的完整性约束条件。

6.2.4 新系统的接口需求分析

针对新系统用例模型图中的每一用例，逐一分析和设计每一个系统参与者所需的用户接口界面及其信息输入输出格式。

设计满足用户需求的界面形式和信息输入输出格式，用户接口设计可以图形形式完成，并确定界面所需的输入输出数据需求及其表现形式。

例 6-2 "管理信息系统 CyclesMIS"的接口设计。

1. 登录接口

"管理信息系统 CyclesMIS"的登录接口给多种用户提供了统一的登录界面，不同用户在系统内部的权限不同，输入账号和密码后，系统会自动根据用户的权限不同，跳转不同的显示界面。如图 6.6 所示为管理信息系统 CyclesMIS 登录接口。

图 6.6 管理信息系统 CyclesMIS 登录接口

2. 客户注册接口

客户点击登录界面的"注册用户"，可以跳转到用户注册界面，输入个人的账号名、密码、性别、邮箱等信息，点击"注册"按钮即可完成注册。如图 6.7 所示为客户注册接口的显示界面。

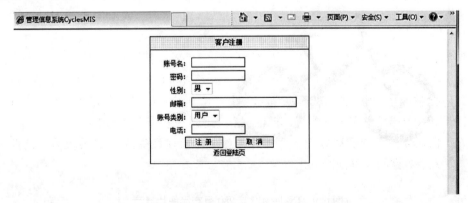

图 6.7 管理信息系统 CyclesMIS 客户注册接口

3. 客户浏览接口

客户注册后，可以使用自己的注册账号和密码登录，登录后显示的是产品浏览界面，包含了产品编号、产品名称、产品颜色、产品价格等信息，如图 6.8 所示。

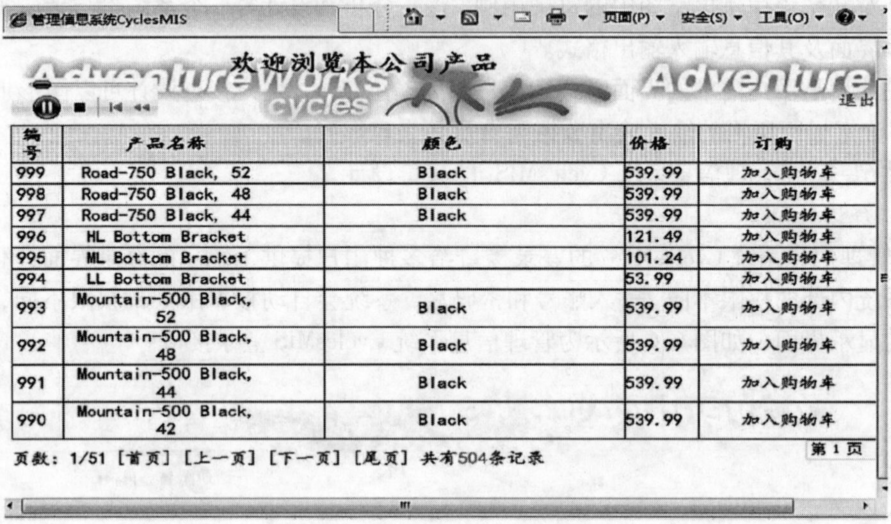

编号	产品名称	颜色	价格	订购
999	Road-750 Black, 52	Black	539.99	加入购物车
998	Road-750 Black, 48	Black	539.99	加入购物车
997	Road-750 Black, 44	Black	539.99	加入购物车
996	HL Bottom Bracket		121.49	加入购物车
995	ML Bottom Bracket		101.24	加入购物车
994	LL Bottom Bracket		53.99	加入购物车
993	Mountain-500 Black, 52	Black	539.99	加入购物车
992	Mountain-500 Black, 48	Black	539.99	加入购物车
991	Mountain-500 Black, 44	Black	539.99	加入购物车
990	Mountain-500 Black, 42	Black	539.99	加入购物车

页数：1/51 [首页] [上一页] [下一页] [尾页] 共有504条记录 第 1 页

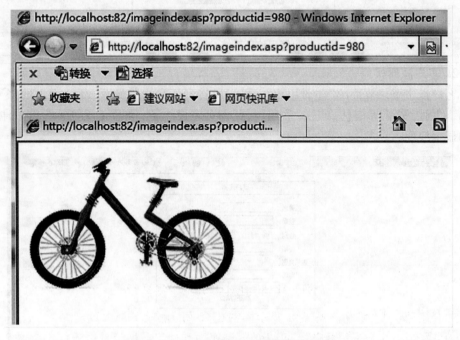

图 6.8　CyclesMIS 客户浏览界面

当客户点击“产品名称”时，可以在新界面看到该产品对应的图片，如图 6.9 所示（ASP 界面显示图片的注意事项参见第六章温馨小贴士 Tip12）。

图 6.9　CyclesMIS 第 980 号产品图片展示

4. 人力资源管理接口

人事经理通过登录管理信息系统 CyclesMIS，可以进入人力资源管理界面，如图 6.10 所示。

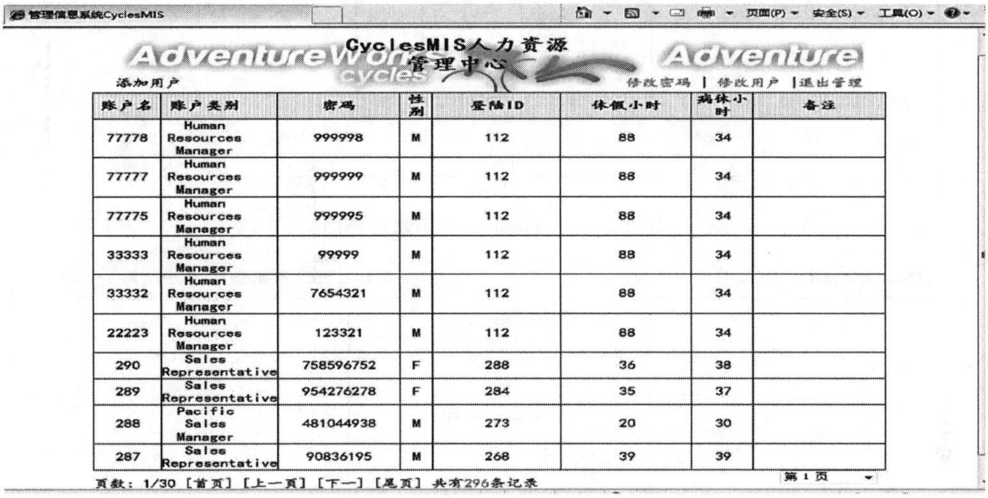

账户名	账户类别	密码	性别	登陆ID	休假小时	病休小时	备注
77778	Human Resources Manager	999998	M	112	88	34	
77777	Human Resources Manager	999999	M	112	88	34	
77775	Human Resources Manager	999995	M	112	88	34	
33333	Human Resources Manager	99999	M	112	88	34	
33332	Human Resources Manager	7654321	M	112	88	34	
22223	Human Resources Manager	123321	M	112	88	34	
290	Sales Representative	758596752	F	288	36	38	
289	Sales Representative	954276278	F	284	35	37	
288	Pacific Sales Manager	481044938	M	273	20	30	
287	Sales Representative	90836195	M	268	39	39	

图 6.10 CyclesMIS 人力资源管理界面

人事经理可以查看所有公司雇员的信息，包括账户 ID、账户类别、密码、性别、登录 ID、休假小时数、病休小时数等。除此之外，人事经理还具备添加用户、修改密码、修改用户的权限。

人事经理点击“添加用户”后，显示如图 6.11 所示的用户添加界面。

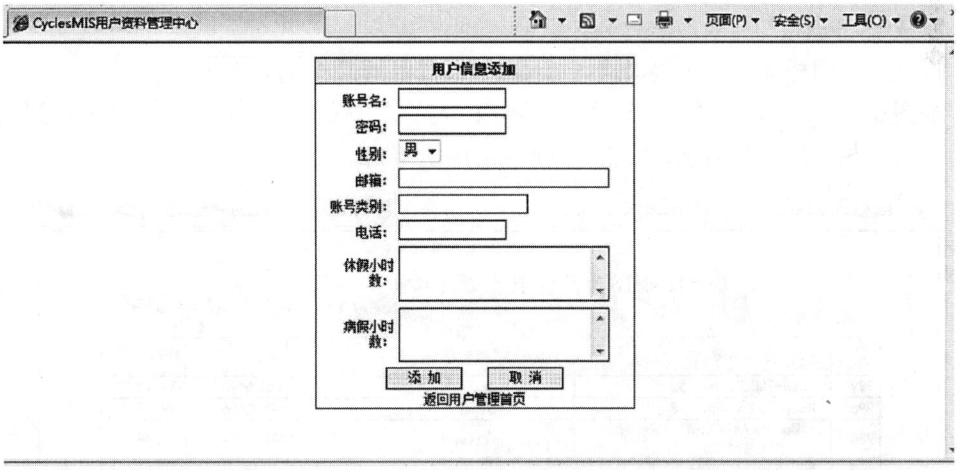

图 6.11 CyclesMIS 用户添加界面

人事经理点击“修改密码”后，显示如图 6.12 所示的密码修改界面。

人事经理点击“修改用户”，可以对数据库中其他雇员的信息进行修改，如图 6.13 所示为用户信息修改界面。

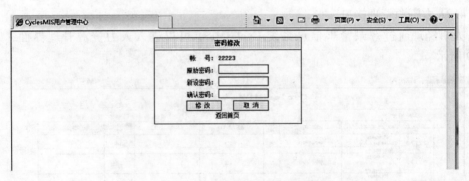

图 6.12 CyclesMIS 密码修改界面

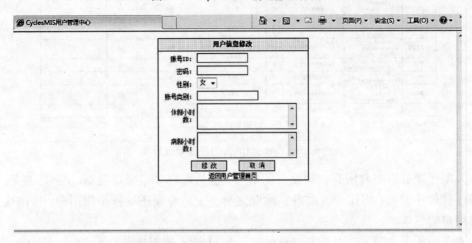

图 6.13 CyclesMIS 用户信息修改界面

5. 产品管理接口

产品经理同样通过登录接口进入 CyclesMIS 产品管理系统界面。

如图 6.14 所示为产品资料管理中心界面，与客户浏览界面不同，产品经理看到的是与自身设计相关的产品信息，且能看到产品的标准成本。

编号	产品名称	颜色	标准成本	价格
999	Road-750 Black, 52	Black	343.6496	539.99
998	Road-750 Black, 48	Black	343.6496	539.99
980	Mountain-400-W Silver, 38	Silver	419.7784	769.49
888	HL Touring Frame - Yellow, 50	Yellow	601.7437	1003.91
879	All-Purpose Bike Stand		59.466	159
534	Top Tube		0	0
330	Touring End Caps	不详	16	0

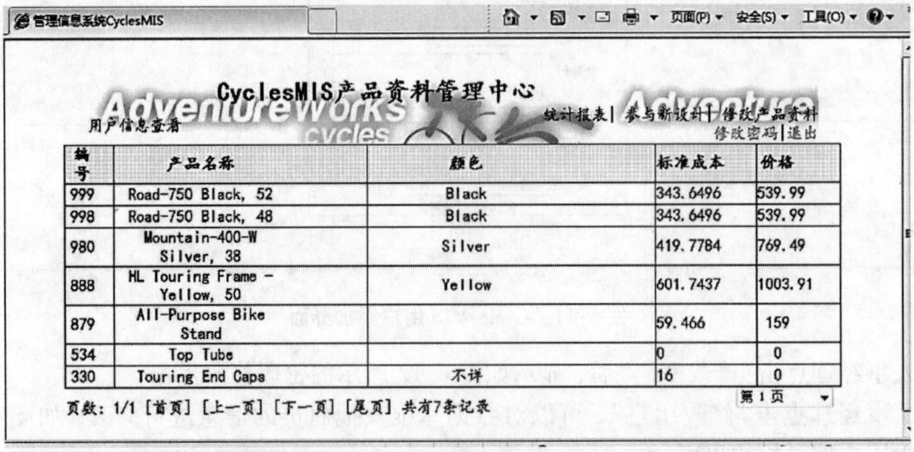

图 6.14 CyclesMIS 产品资料管理中心界面

第六章　数据库系统开发方法

产品经理可以通过点击"用户信息查看",查看自身的账户信息,如图 6.15 所示。

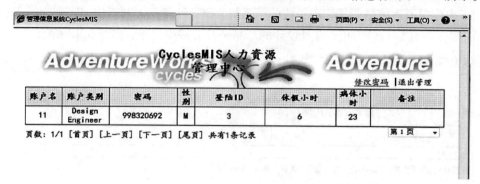

图 6.15　CyclesMIS 人力资源管理中心界面

与人事经理类似,产品经理也可以修改自身账户的密码。另外,他还具有参与新产品设计、修改产品资料的权限。

如图 6.16 所示为 CyclesMIS 产品设计界面,通过该接口,产品经理可以参与 Production.Product 表中其他产品的设计。

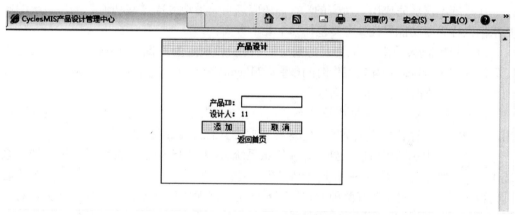

图 6.16　CyclesMIS 产品设计界面

如图 6.17 所示为 CyclesMIS 产品信息修改界面,产品经理可以对已有产品的信息进行修改。

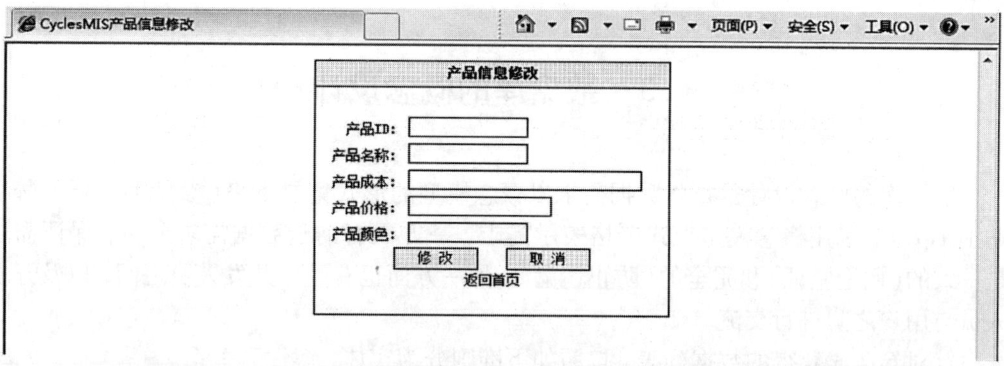

图 6.17　CyclesMIS 产品信息修改界面

6. 报表统计接口

报表生成子系统是产品管理系统的子系统，产品经理点击"统计报表"按钮，可以生成新报表，统计到目前为止，自身设计的产品一共有多少订单，如图6.18所示。

图 6.18　CyclesMIS 订单统计报表界面

6.2.5　新系统的质量需求分析

新系统不仅要完成用户所需的功能，还应该高质量地完成这些功能。信息系统的质量指标也称为非功能属性，主要包括如下几个方面：

（1）性能需求，包括人机交互的响应时间（一般规定为不低于5seconds）；报表打印时间（5~15 minutes）；有效工作时间（每天24hours/每周7days）；吞吐量（网站同时在线的用户数量、数据库的同时访问数量等）。

（2）安全需求，包括哪些类型的系统用户？每类用户应拥有怎样的权限？建立哪些用户视图？系统存在哪些关键数据？这些数据应具有怎样的安全级别？

从6.4的用例图中可以看到，管理信息系统CyclesMIS中主要设计了三种类型的系统用户，一种是人事经理，一种是产品经理，最后一种是客户。每种用户登陆系统后看到的视图不同，在实现上有两种方式，一种是在数据库内构建不同的视图，网页针对不同用户查询不同视图；另一种方式是通过网页来构建不同视图，网页内部根据不同用户查询不同表来实现不同的视图。

（3）易用性需求，包括用户易于学会；方便使用；易于修改错误；系统易于扩展和演化等。

6.3　数据库的概念设计

数据库的概念设计是指将数据需求以概念模型的形式记录下来（参见第六章温馨小贴士 Tip5）。采用概念模型形式严格表示需求，一方面有助于数据需求分析，保证需求是一致的（便于验证）和完全的（防止遗漏）；另一方面也有助于开发人员之间，以及开发人员与用户之间进行交流。

针对6.2.3获得的数据列表，按照如下准则分为实体、属性和关系。

（1）如果该类数据明显存在属性描述，或表示了一类对象，则将其作为实体建模。

如"山地自行车""旅行登山车"等。

（2）如果一个概念的结构简单，不具有特定的性质描述，则将其作为属性建模，用以描述其他的概念。如"电话号码""e-mail 地址"等。

（3）如果一个概念提供了两个概念以上的逻辑联系，则将其作为联系建模，并用动词来命名。"负责"表示了"产品经理"与"产品"之间的联系。

（4）如果实体的概念之间存在分类关系，则通过概化关系建模他们之间的联系。如"自行车"可分为"山地自行车""平地自行车""竞赛自行车"和"旅行登山车"等多种类型。

6.3.1 实体及其简单属性建模

实体及其属性建模了现实世界中一类对象共同具有的性质。在 ER 图中用矩形表示实体，矩形中分隔线之上为实体名，分隔线之下为实体具有的属性，如图 6.19 所示。

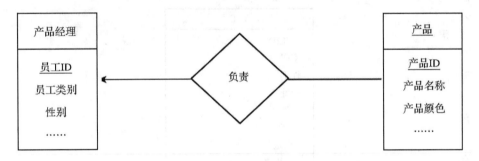

图 6.19 产品经理和产品两个实体的 ER 图建模

实体的建模不仅要列出所有属性，而且要用下划线标出唯一标识该实体的主键。如图 6.19 产品经理实体的主键为员工 ID；产品实体的主键为产品 ID。

没有主键，依赖于其他实体而存在的实体，称作弱实体。唯一标识弱实体的属性集称作辨识器，建模时采用虚线下划线标识弱实体的辨识器。例如，产品的图片是弱实体，其 ER 图建模如图 6.20 所示，其中，双线菱形框表示了弱实体对强实体的依赖关系，弱实体双线连接表示全参与。

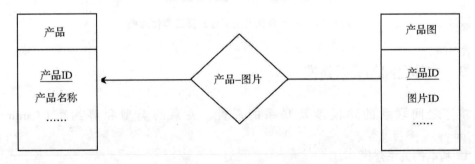

图 6.20 弱实体的 ER 图建模

6.3.2 复杂属性建模

实体的属性可能有多种情况,需要以不同方式建模。

(1) 组合属性。例如,地址由省、市、街道、邮编构成,而街道可进一步分为街名、街道号、公寓门牌号。ER 图建模中通过分层缩进的方式表示属性的组合关系。

(2) 多值属性。例如,每个人都可能有多个电话号码:手机号、办公室电话号码、家庭电话号码等。ER 图建模中通过大括号"{ }"表示多值属性。

(3) 导出属性。例如,人的年龄可从出生年月中计算出来;学生的学分可从学生选课成绩中计算出来。为了维护数据的一致性,数据库通常不会存储导出属性,但 ER 概念建模却需要把用户对导出属性的需求建模出来,以便设计不同的数据库实现方案。ER 图建模中通过后附圆括号"( )"表示导出属性。

一个具有复杂属性的员工实体建模如图 6.21 所示。

图 6.21 一个具有复杂属性的员工实体建模

6.3.3 实体之间的关系建模

实体之间联系的建模涉及联系的属性、关系的类型和势约束(Cardinality Constraints)、参与度等。

1. 基本的关系建模

在相关的 n 个实体之间用菱形表示一个关系,关系的命名通常用动词。关系的属性列在一个矩形框中,并用虚线与菱形框相连。如图 6.22 表示了产品经理和产品之间的二元关系,该关系具有一个指导时间的属性。

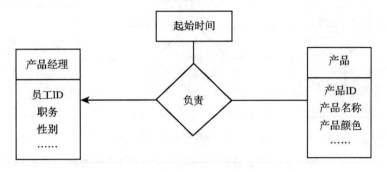

图 6.22　产品经理和产品之间的二元关系

2. 关系的势约束建模

绝大多数的关系是二元关系,二元关系分为如下四种类型:
- 1 对 1 关系
- 1 对多关系
- 多对 1 关系
- 多对多关系

实体参与度分为两类:全参与和部分参与。全参与指每一实体都参与某一关系实例;部分参与指存在某些实体不参与任何关系的实例。

我们用有向线段(→)表示势约束为"1"的联系;用无向线段(—)表示势约束为"多"的联系,这里的多也可能为"0",表示该实体部分参与关系。当实体集全参与一个关系时,使用双线段(═)表示;当实体集部分参与一个关系时,使用单线段(—)表示。

例如,产品经理和产品之间的 1 对 1 负责关系,且产品经理部分参与而产品全参与。该关系是指一个产品经理最多负责一个产品的生产,也可能目前没有负责产品生产(部分参与);一个产品最多只有一个产品经理负责,但每个产品必须要有产品经理负责(产品全参与),其 ER 图建模如图 6.23(a)所示。如果其他条件都不变,但每个产品不一定都要产品经理负责,即产品也是部分参与,则 ER 图建模如图 6.23(b)所示。

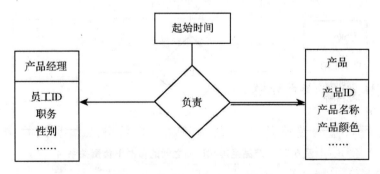

(a)存在全参与的 1 对 1 关系

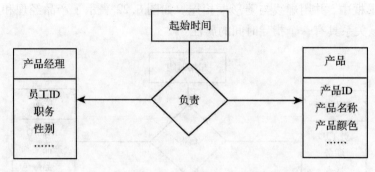

(b) 均为部分参与的 1 对 1 关系

图 6.23　产品经理和产品之间的 1 对 1 负责关系

例如，产品经理和产品之间的 1 对多负责关系，是指一个产品经理可负责多个产品，也可能没有负责任何产品（部分参与）；一个产品最多只有一个产品经理，但每个产品必须要有产品经理负责（产品全参与）。ER 图建模如图 6.24 所示。

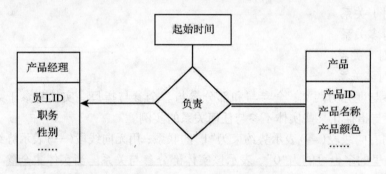

图 6.24　产品经理和产品之间的 1 对多负责关系

例如，产品经理和产品之间的多对 1 负责关系，是指一个产品经理最多负责一个产品，也可能没有产品（部分参与）；一个产品可有多个产品经理，也可以没有产品经理负责（产品部分参与）。ER 图建模如图 6.25 所示。

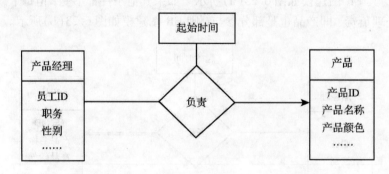

图 6.25　产品经理和产品之间的多对 1 负责关系

例如，产品经理和产品之间的多对多负责关系，是指一个产品经理可负责多个产品，也可能没有产品（部分参与）；一个产品可有多个产品经理负责，但每个产品必须要有产品经理负责（产品全参与）。ER 图建模如图 6.26 所示。

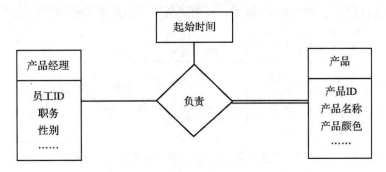

图 6.26　产品经理和产品之间的多对多负责关系

上述势约束关系也可表示为另一种形式，只使用线段表示联系，用数字表示参与度和势约束。例如，用"1..1"表示全参与的 1 对 1 关系；"0..1"表示部分参与的 1 对 1 关系，则图 6.23 产品经理和产品之间的 1 对 1 负责关系可表示为图 6.27 所示形式。

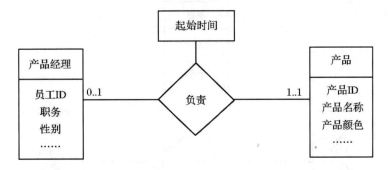

图 6.27　产品经理和产品之间的 1 对 1 负责关系

例如，用"1..n"表示全参与的 1 对多关系；"0..n"表示部分参与的 1 对多关系，则图 6.26 产品经理和产品之间的多对多负责关系可表示为图 6.28 所示形式。使用这种方式要特别小心方向不要写反。

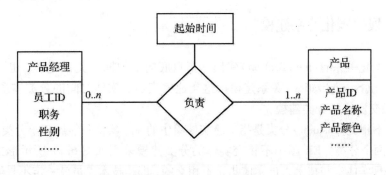

图 6.28　产品经理和产品之间的多对多负责关系

3. 自关系建模

实体集自身之间建立的联系称为自关系建模。例如，产品经理与生产该产品的员工之间存在管理关系,它们都属于员工集合。为了区分参与关系的不同意义,需要对实体参与的角色进行定义。如图6.29所示,分别定义了产品经理角色和产品生产者角色。

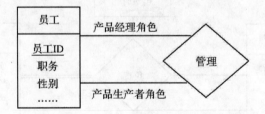

图6.29 产品经理角色和产品生产者角色之间的关系

4. 多元关系建模

多元关系建模是指参与关系的实体数目大于2个的情况。例如,产品经理、产品生产者和产品生产项目之间存在三元关系,其ER图建模如图6.30所示。为避免二义性,多元关系只允许出现一个箭头。

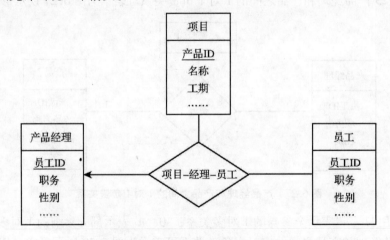

图6.30 产品经理、产品生产者和产品生产项目之间存在三元关系

6.3.4 扩展的概化关系建模

扩展的概化关系(Generalization)建模是指自底向上的抽象关系建模,也可看作自顶向下的具体化(Specialization)关系建模。这类建模表示了实体之间的分类体系。

1. 不相交实体的分类建模

实体的不相交(Disjoint)分类是指上级实体集中的一个实体只能属于子分类之一,而不能同时属于两个分类。ER图中不相交实体的分类建模采用如图6.31所示形式表示。图6.31表示经理实体集与技术人员实体集是不相交的,即是技术人员就一定不是经理。

2. 重叠实体的分类建模

实体的重叠(Overlap)分类是指上级实体集中的一个实体可能属于子分类之一,也可能同时属于多个分类。ER图中重叠实体的分类建模如图6.32所示,重叠的各子类单

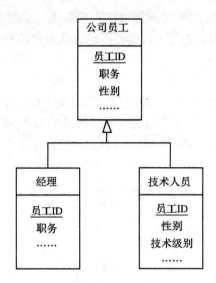

图6.31 不相交的经理实体集与技术人员实体集

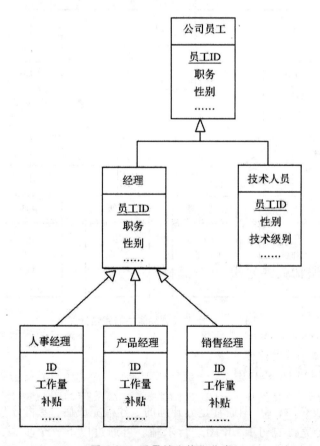

图6.32 重叠的实体集分类

独连线到父类节点。图中的经理实体集可进一步分类为人事经理、产品经理、销售经理,经理的这三种分类是可能重叠的,即有些经理既是产品经理,也是销售经理,而人事经理也可能兼职产品经理。

3. 完全分类建模

完全分类建模是指子类的分类是完全的,即父类中的一个实体必然属于子类之一。ER 图中完全分类建模用实心的黑色箭头表示。如图 6.33 所示,图中的技术人员实体集可进一步分类为低级、中级、高级,技术人员的这三种分类是不相交的,且每一技术员工必然属于其中之一。

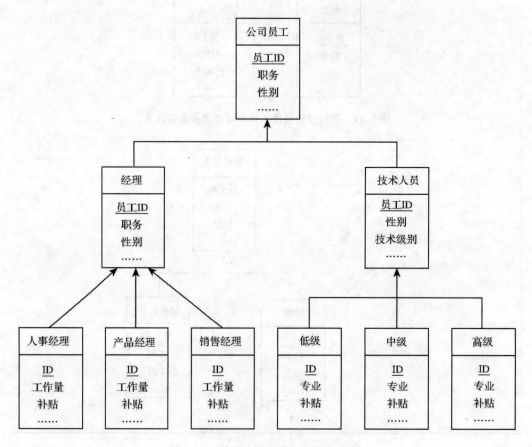

图 6.33 技术人员实体集的完全分类

6.3.5 ER 图的合并与求精

现实问题很复杂时,ER 图通常是分开画的。建模完成后,要将分开画的 ER 图合并在一起,形成一个完整的初步 ER 图进行求精。可通过以下三个步骤:消除在属性、命名、结构中可能存在的冲突;对 ER 图进行修改与重构;求精形成总的 ER 图。

(1)消除属性冲突:解决属性类型、取值范围、度量单位等可能存在的不一致现象。

(2)命名冲突:命名依照行业标准术语,重点解决同名异义和异名同义现象。这里的同名异义是指不同意义的对象在不同局部应用中具有相同的名字,此时,必须采用不同的名称加以区分;异名同义是指相同的实体、属性或联系用不同名称建模多处,此时,需要用同一名称将其合并。

(3)结构冲突:①同一对象在不同局部视图中具有不同级别的抽象,解决办法是将属性变为实体或将实体变为属性;②同一实体在不同局部视图中所包含的属性不完全相同,或者属性的排列次序不完全相同,解决办法是使该实体的属性取各局部视图中属性的并集,再适当设计属性的次序;③实体之间的联系在不同局部视图中呈现不同的类型,解决办法是根据应用的语义对实体联系的类型进行综合或调整。

消除冲突后的 ER 图仍然可能存在属性冗余或关系,如某些关系(属性)可从其他关系(属性)中推导出来,此时,消除冗余,求精 ER 图,并形成数据字典文档(参见第六章温馨小贴士 Tip6)。

6.4 关系数据库的逻辑设计

关系数据库的逻辑设计依次包括三个主要步骤:①产生关系模式;②关系模式的规范化设计;③完整性约束设计(参见第六章温馨小贴士 Tip7)。

6.4.1 ER 图转换为关系模式

根据所建的 ER 模型,按照如下不同情形,逐一检查,将全部 ER 模型转换为关系模式(参见第六章温馨小贴士 Tip8)。

1. 具有简单属性的强实体

具有简单属性的强实体转换为一个关系模式,且实体的主键为关系模式的主键。

例如,图 6.19 产品经理和产品两个实体转换的两个关系模式如下所示。

产品经理(<u>员工 ID</u>,职务,性别)

产品(<u>产品 ID</u>,产品名称,产品颜色)

2. 具有组合属性的强实体

具有组合属性的强实体转换为一个关系模式。这里,所有的组合属性均被分解,取不可再分的基本属性为实体属性。

例如,图 6.21 中具有组合属性的"员工"实体建模为如下所示的关系模式。

员工(<u>员工 ID</u>,密码,性别,职务,省,市,街名,街道号,公寓门牌号,邮编,e-mail 地址,员工-电话 ID,出生日期)

上述组合属性也可采用单独的实体来表示,如下所示,可单独建立"员工-地址"对象表示组合属性。

员工(<u>员工 ID</u>,密码,性别,职务,地址 ID,e-mail 地址,员工-电话 ID,出生日期);

员工-地址(<u>地址 ID</u>,省,市,街名,街道号,公寓门牌号,邮编)。

"员工"实体分成"员工"和"员工-地址"两个对象表示的好处是当多个员工地址相同时,可节省存储空间和提高地址修改的效率;缺点在于访问员工全部信息时需要连接操作才能完成。

3. 具有多值属性的强实体

具有多值属性的强实体需要将多值属性单独转换为一个关系模式。

例如,图6.21中"员工"实体的电话号码是多值属性,该部分多值属性与强实体的主键合并建立如下所示的关系模式。

员工-电话(<u>员工ID</u>,电话号码)

上述关系模式与员工(<u>员工ID</u>,密码,性别,职务,省,市,街名,街道号,公寓门牌号,邮编,e-mail地址,员工-电话ID,出生日期)存在外键关联。

将多值属性单独转换为一个关系模式的方法不仅可保证关系模式满足第一范式,还可大量节省存储空间,便于DBMS自动实现完整性约束检查。

4. 具有导出属性的强实体

解决导出属性有两种方式:其一,导出属性不出现在关系模式中,由应用程序负责计算其值;其二,导出属性明确出现在关系模式中,通过触发器链接到原始属性计算其值。

例如,图6.21中教师实体的年龄是导出属性,可将关系模式定义为:

教师(<u>ID</u>,姓名,工资,省,市,街名,街道号,公寓门牌号,邮编,出生日期,年龄)。

但年龄通过触发器关联到出生日期进行计算。

5. 依附于强实体的弱实体

假定弱实体的属性为 $A(a_1, a_2, \cdots, a_n)$,依赖的强实体 B 的主键为 $b_1, b_2, \cdots, b_m$,则强实体单独转换为一个关系模式 $B(b_1, b_2, \cdots, b_m, \cdots)$,弱实体的属性与强实体的主键属性合并在一起形成另一个关系模式 $A(b_1, b_2, \cdots, b_m, a_1, a_2, \cdots, a_n)$,$A$ 的主键由弱实体的辨识符和强实体的主键联合形成,A、B 两个关系模式通过外键 $b_1, b_2, \cdots, b_m$ 关联。

例如,图6.20转换的两个关系模式分别为:

产品(<u>产品ID</u>,产品名称,产品颜色,……);

产品-图(<u>产品ID,产品图片ID</u>,图片名称,……),<u>产品ID</u>为外键。

6.1 对1关系

对于1对1关系,需要根据关系中实体的参与度确定关系模式的设计。

存在全参与的1对1关系:两个参与实体各产生一个关系模式,联系不产生模式,联系的属性和其中一个实体的主键附于另一个全参与的实体模式即可。若两个实体都全参与,则可附于其中任意一个关系模式。

例如,图6.23(a)转换的两个关系模式分别为:

产品经理(<u>员工ID</u>,职务,性别,……);

产品(<u>产品ID</u>,产品名称,产品颜色,员工ID,起始时间)。

部分参与的1对1关系:两个实体各产生一个关系模式,联系产生一个新模式,该模式由两个实体的主键加上联系的属性。

例如，图6.23(b)转换的三个关系模式分别为：

产品经理(<u>员工ID</u>，职务，性别，……)；

产品(<u>产品ID</u>，产品名称，产品颜色，……)。

负责(<u>员工ID</u>，产品ID，负责时间)。

7. 1对多关系和多对1关系

1对多关系和多对1关系：两个参与实体各产生一个关系模式，联系不产生模式，联系的属性和以势1参与联系的实体主键附于另一个以势n参与的实体模式即可。

例如，图6.24的1对多指导关系转换的两个关系模式分别为：

产品经理(<u>员工ID</u>，职务，性别，……)；

产品(<u>产品ID</u>，产品名称，产品颜色，员工ID，起始时间)。

为了保证每个产品必须要有产品经理负责，上述产品模式可增加完整性约束：员工ID非空。

多对1关系的关系模式设计与1对多关系类似，例如，图6.25的多对1"负责"关系转换的两个关系模式分别为：

产品经理(<u>员工ID</u>，职务，性别，产品ID，起始时间)；

产品(<u>产品ID</u>，产品名称，产品颜色)。

8. 多对多关系

多对多关系：两个实体各产生一个关系模式，联系产生一个新模式，该联系模式由两个实体的主键加上联系的属性构成，其主键由两个参与实体的主键共同构成。

例如，图6.26产品经理和产品之间的多对多负责关系转换的三个关系模式分别为：

产品经理(<u>员工ID</u>，职务，性别，……)；

产品(<u>产品ID</u>，产品名称，产品颜色)；

负责(<u>员工ID，产品ID</u>，负责时间)。

注意：图6.26多对多负责关系转换的三个关系模式与图6.23(b)1对1负责关系转换的三个关系模式存在不同，区别在于关系模式"负责(<u>员工ID，产品ID</u>，负责时间)"的主键不同于1对1关系"负责(<u>员工ID</u>，产品ID，负责时间)"的主键。

9. 自关系建模

自关系建模只需要建立一个关系模式即可。例如，图6.29中员工实体之间存在产品生产者角色和产品经理角色之间的关系，可转换为如下关系模式：

员工(<u>员工ID</u>，职务，性别，管理者ID，……)。

由于产品生产者可以有多个，当产品生产者较多时出现冗余，可分解为两张表：

员工(<u>员工ID</u>，职务，性别，……)；

经理-生产者(<u>员工ID，管理者ID</u>)，员工ID，管理者ID均为员工模式的外键。

10. 多元关系

在多元关系中，参与的多个实体分别产生各自的关系模式，联系产生一个新模式，该联系模式由多个实体的主键加上联系的属性构成，其主键由多个参与实体的主键共同构成。

例如，图6.30的多元关系转换的四个关系模式分别为：

产品经理(<u>员工ID</u>，职务，性别，……)；

项目(<u>产品ID</u>，名称，工期，……)；

员工(<u>员工ID</u>，职务，性别，……)；

项目-经理-员工(<u>经理ID，产品ID，员工ID</u>)，其中经理ID，产品ID，员工ID分别为产品经理模式、项目模式和员工模式的外键。

11. 概化关系

概化关系转换成关系模式通常有多种设计方案，各有利弊。实际情况需要具体问题，具体分析。这里仅给出一般设计原则。

①不相交实体的分类模型。不相交的各子分类实体分别建立关系模式，上级节点一般不建基本表。若上级节点查询频繁可通过视图实现。例如，图6.31不相交的实体分类模型转换为两个关系模式：

经理(<u>员工ID</u>，职务，性别，……)；

技术人员(<u>员工ID</u>，姓名，技术级别，……)。

②重叠实体的分类模型。上级节点建立由共同属性构成的表，各子分类实体分别建立简约的关系模式。例如，图6.32重叠的实体集分类模型转换为四个关系模式：

经理(<u>员工ID</u>，职务，性别，……)；

人力资源经理(<u>员工ID</u>，工作量，补贴)，员工ID为外键；

生产经理(<u>员工ID</u>，工作量，补贴)，员工ID为外键；

销售经理(<u>员工ID</u>，工作量，补贴)，员工ID为外键。

③完全分类模型。完全分类模型的各子分类实体分别建立关系模式，上级节点不建基本表。例如，图6.33技术人员实体集的完全分类模型转换为三个关系模式：

初级技术人员(<u>员工ID</u>，姓名，技术级别，工作量，补贴)；

中级技术人员(<u>员工ID</u>，姓名，技术级别，工作量，补贴)；

高级技术人员(<u>员工ID</u>，姓名，技术级别，工作量，补贴)。

将全部ER模型转换为关系模式后，进一步检查是否所有的信息都在关系模式中得到表示；是否存在信息冗余。也就是说，既要保证关系模式的集合能够满足所有的信息需求，还要保证信息的冗余度最低。

6.4.2 关系模式的规范化设计基础

关系数据模型的优化方法通常以规范化理论为指导，基于数据依赖关系而进行。这里的数据依赖主要包括函数依赖(functional dependency)和多值依赖(multivalued dependency)。

优化关系数据模型的目的在于设计"好"的关系模式，避免出现数据存储的冗余现象和数据操作的异常现象(如插入异常、更新异常、删除异常等)。"好"的关系模式包括第三范式、BCNF范式和第四范式，需要根据实际情况而定。同时，还需要模式的分解是无损分解和依赖保持的，以保证信息查询的正确性和完整性约束检查的高效性。

规范化理论的基本概念定义如下：

(1)函数依赖：设 $R(U)$ 是一个关系模式，U 是 R 的属性集合，α 和 β 是 U 的子集。对于 $R(U)$ 的任意一个可能的关系 r，如果 r 中不存在两个元组，它们在 α 上的属性值相同，而在 β 上的属性值不同，则称"α 函数确定 β"或"β 函数依赖于 α"，记作 $\alpha \rightarrow \beta$。

(2)多值依赖：设 $R(U)$ 是一个属性集 U 上的一个关系模式，X、Y 和 Z 是 U 的子集，并且 $Z = U - X - Y$，多值依赖 $X \rightarrow\rightarrow Y$ 成立，当且仅当对 R 的任一关系 r，r 在 (X, Z) 上的每个值对应一组 Y 的值，这组值仅仅取决于 X 值而与 Z 值无关。

多值依赖具有如下性质：

① 多值依赖具有对称性，即若 $X \rightarrow\rightarrow Y$，则 $X \rightarrow\rightarrow Z$，其中 $Z = U - X - Y$；

② 多值依赖具有传递性，即若 $X \rightarrow\rightarrow Y$，$Y \rightarrow\rightarrow Z$，则 $X \rightarrow\rightarrow Z - Y$；

③ 函数依赖可以看作是多值依赖的特殊情况，即若 $X \rightarrow Y$，则 $X \rightarrow\rightarrow Y$，这是因为当 $X \rightarrow Y$ 时，对 X 的每一个值 x，Y 有一个确定的值 y 与之对应，所以 $X \rightarrow\rightarrow Y$。

(3)超键(super key)：在一个关系中，能唯一标识元组的属性集称为关系模式的超键。

(4)候选键(candidate key)：如果一个属性集能唯一标识元组，且又不含有多余属性，则该属性集称为候选键。

(5)主键(primary key)：关系模式中用户正在使用的候选键称为主键。

(6)第一范式(1NF)：关系模式中的所有属性都是不可再分的基本数据元素。

(7)第三范式(3NF)：设关系模式 $R(U, F) \in 1NF$，如果对于 R 的每个函数依赖 $\alpha \rightarrow \beta$，至少下列之一成立：

① $\alpha \rightarrow \beta$ 是平凡的

② α 是关系模式 R 的超键

③ $\beta - \alpha$ 中的每一个属性 A 均为主属性(即 A 属于 R 的某一候选键)

那么，$R \in 3NF$。

(8)BCNF 范式(Boyce-Codd NF)：设关系模式 $R(U, F) \in 1NF$，如果对于 R 的每个函数依赖 $\alpha \rightarrow \beta$，至少下列之一成立：

① $\alpha \rightarrow \beta$ 是平凡的

② α 是关系模式 R 的超键

那么，$R \in BCNF$。即在关系模式 $R(U, F)$ 中，如果每一个决定属性集都包含候选键，则 $R \in BCNF$。

(9)第四范式(4NF)：设关系模式 $R(U, F) \in 1NF$，如果对于 R 的每个非平凡多值依赖 $X \rightarrow\rightarrow Y(Y \subseteq X)$，$X$ 都含有候选键，则 $R \in 4NF$。

在进行规范化设计之前需要完成如下工作：

(1)针对全部关系模式，保证所有的属性均为不可再分的基本数据元素，即所有模式均达到 1NF。

(2)针对全部关系模式，列出所有的函数依赖和多值依赖。

(3)对每一个关系模式确定所有候选键并选择主键。

候选键的计算方法：首先，对每一个关系模式 R，计算任意属性子集 $\alpha \subseteq R$ 的属性集

闭包 α^+，若 $R \subseteq \alpha^+$，则 α 为 R 的超键；然后，检查 α 的任意子集 A 是否为超键，若都不是，则 α 为候选键，否则，若 A 是超键，继续从 A 中寻找最小超键。一个关系模式可能存在多个候选键。

主键的选择依据包括如下几个方面：

［1］当有多个候选键时，选择属性最少的；
［2］主键的属性不能为空值；
［3］数据访问操作经常使用的候选键；
［4］当没有候选键时，可引入新属性，如 ID，自然数等。

最后，对每一个关系模式的所有候选键定义 unique 完整性约束。

6.4.3 基于 BCNF 的模式分解方法

基于 BCNF 的模式分解方法的基本思想：先分解形成 BCNF，然后再检查是否依赖保持，若依赖不保持，则合并相关表，形成 3NF；若依赖保持，则检查是否存在多值依赖，若存在形成 4NF，否则形成 BCNF。

1. 模式分解方法一

(1) 根据原始的函数依赖集 F，用如下算法检测关系模式的集合 $R = \{R_i\}$ 是否满足 BCNF。

- 对 R_i 中的每一属性子集 $\alpha \subseteq R_i$，检测其属性闭包 α^+ 是否满足如下条件之一：① 包括 R_i 中的所有属性（即 α 是 R_i 的超键）；② 不包括 $R_i - \alpha$ 中的属性（α 是平凡的）。
- 如果发现 F 中有函数依赖 $\alpha \rightarrow \beta$ 违例，即 R_i 中存在 $\alpha \rightarrow (\alpha^+ - \alpha) \cap R_i$，则 R_i 不是 BCNF。

(2) 用检测出的违例函数依赖 $\alpha \rightarrow (\alpha^+ - \alpha) \cap R_i$ 分解 R_i，分解算法如下，该分解算法是无损分解。

- 如果模式 R_i 不是 BCNF，且非平凡函数依赖 $\alpha \rightarrow \beta (\beta = (\alpha^+ - \alpha) \cap R_i)$ 在 R_i 中违例，$\alpha \cap \beta = \varnothing$，则将 R_i 分解成两个新的模式：$(R_i - \beta)$ 和 (α, β)。
- 更新关系模式的集合 $R := (R - R_i) \cup (R_i - \beta) \cup (\alpha, \beta)$。

(3) 返回步骤 (1) 继续检测新分解的关系模式集。

2. 模式分解方法二

(1) 根据原始的函数依赖集 F，用每一个函数依赖逐一检测关系模式的集合 $R = \{R_i\}$ 是否满足 BCNF，对不满足的函数依赖按照如下方式进行分解，直到 F 中所有依赖都满足。

```
while ( notdone ) do
    if ( there is a schema $R_i$ in $R$ that is not in BCNF )
    then begin
        let $\alpha \rightarrow \beta$ be a nontrivial functional dependency that
            holds on $R_i$ such that $\alpha \rightarrow R_i$ is not in F,
        and $\alpha \cap \beta = \varnothing$;
```

$R_i := (R - R_i) \cup (R_i - \beta) \cup (\alpha, \beta);$
  end
else done : = true;

(2)根据原始的函数依赖集 F,用如下算法检测关系模式的集合 $R = \{R_i\}$ 是否满足 BCNF。

• for every set of attributes $\alpha \subseteq R_i$, check that α^+ (the attribute closure of α) either includes no attribute of $R_i - \alpha$, or includes all attributes of R_i.

• If the condition is violated by some $\alpha \to \beta$ in F, the dependency
$\alpha \to (\alpha^+ - \alpha) \cap R_i$
can be shown to hold on R_i, and R_i violates BCNF.

(3)用检测出的违例函数依赖 $\alpha \to (\alpha^+ - \alpha) \cap R_i$ 分解 R_i,直到所有的模式均为 BCNF。

3. 检测 BCNF 分解范式是否保持函数依赖,形成最终的分解范式。

(1)若原始的函数依赖集 F 中每一个函数依赖 $\alpha \to \beta$,都在所分解的某一个 R_i,则上述分解是 BCNF,同时也是依赖保持的。

(2)检查是否有些函数依赖分布于两个关系模式,且这些表中的属性均为主属性,然后,将这些关系模式合二为一,形成 3NF,且依赖保持。

(3)对于依赖保持的 BCNF 范式,检查是否存在多值依赖,若存在继续分解形成 4NF,否则,最终形式为 BCNF 范式。

6.4.4 基于 3NF 的模式分解方法

基于 3NF 的模式分解方法的基本思想:先计算原始的函数依赖集 F 的正则覆盖集铝 F'铝,然后,根据铝 F'铝得到 3NF 的模式分解集合 $R = \{R_i\}$,最后,检测 R 是否满足 BCNF,若不满足,则关系模式的最终形式为 3NF;否则,为 BCNF 范式,继续检查是否存在多值依赖,若存在,则形成 4NF。

(1)计算原始的函数依赖集 F 的正则覆盖集 F_c。

To compute a canonical cover for F:
repeat
  Use the union rule to replace any dependencies in F
    $\alpha_1 \to \beta_1$ and $\alpha_1 \to \beta_2$ with $\alpha_1 \to \beta_1 \beta_2$
  Find a functional dependency $\alpha \to \beta$ with an
    extraneous attribute either in α or in β
      /* Note: test for extraneous attributes done using F_c, not F */
  If an extraneous attribute is found, delete it from $\alpha \to \beta$
until F does not change

(2)基于 F_c 构建 3NF 分解集合 $R = \{R_i\}$。

Let F_c be a canonical cover for F;

```
i := 0;
for each functional dependency α →β in F_c do
    if none of the schemas R_j, 1≤j≤i contains α β
        then begin
            i := i + 1;
            R_i := α β
        end
    if none of the schemas R_j, 1≤j≤i contains a candidate key for R
then begin
    i := i + 1;
    R_i := any candidate key for R;
end
/ * Optionally, remove redundant relations  * /
    repeat
if any schema R_j is contained in another schema R_k
    then / * delete R_j * /
        R_j = R;
        i = i - 1;
return (R_1, R_2, …, R_i)
```

(3) 检测 R 是否满足 BCNF，若不满足，则关系模式的最终形式为 3NF；否则，为 BCNF 范式，继续检查是否存在多值依赖，若存在，则形成 4NF。

对于一个具体应用来说，到底规范化要进行到什么程度，需要权衡响应时间和潜在问题两者的利弊才能决定，一般而言，第三范式也就足够了（参见第六章温馨小贴士 Tip9）。

6.4.5 完整性约束设计

一般的商用 DBMS 提供的完整性约束包括：domain 约束；not null 约束；unique 约束；主键约束；参照完整性约束；默认值约束；check 约束；断言约束；触发器等（参见第二章温馨小贴士 Tip11）。

在需求分析阶段，不仅要调研功能需求和数据需求，也要识别应用领域的业务逻辑和业务规则，这些业务逻辑和业务规则很可能是数据库设计的完整性约束。例如，产品经理由人力资源经理任命；每一产品只有一个产品经理；产品经理负责管理特定产品的生产，有权修改该产品的模型、生产材料、性能指标等，对于其他产品只能浏览，无权改动。在概念建模过程中，就需要整理并记录所有的完整性约束，形成概念设计的完整性约束文档。

逻辑设计完成了关系模式的规范化后，数据库中包含的关系模式就已经确定下来，此时，便可对每一关系模式设计其完整性约束。完整性约束设计完成后，需对每一关系模式形成逻辑设计文档，如图 6.34 所示。

字段	数据类型	允许空值	键约束	是否可索引	其他完整性约束
EmployeeID	int	否	主键	是	删除型触发器
NationalIDNumber	nvarchar(15)	否	无	是	唯一值
Title	nvarchar(50)	否	无	是	无
BirthDate	datetime	否	无	是	Checked
HireDate	datetime	否	无	是	Checked
SickLeaveHours	smallint	否	无	是	Checked
ManagerID	int	是	外键	是	无

图 6.34 Employee 表部分属性的完整性约束说明

6.5 关系数据库的物理设计

数据库的物理设计是指为逻辑数据模型设计一个最合适的物理结构(即存储结构和存取方法)。这里,"最合适"的含义:适合所选 DBMS 的存储结构和存取方法;适合应用环境的事务特点和响应要求;适合数据库服务器配置。

6.5.1 确定数据的存储结构

基本的存储结构(如顺序、散列等)已由具体 DBMS 确定,用户可以不管。文件的存储结构包含如下类型:堆文件(Heap File)、顺序文件(Sequential File)、散列文件(Hashing File)、B+树(B+ tree)、聚集文件(Clustering File)。

是否采用聚簇,需要根据实际情况而定。好处在于提高查询速度,缺点在于增加开销(尤其是改变聚簇列时)。因此,一般原则如下:

(1)该关系上的主要应用是针对聚簇列(如按聚簇列使用聚集函数)。
(2)对应每个聚簇列值的元组数既不太多也不太少(分布均衡)。
(3)聚簇列相对稳定,不频繁变化。

6.5.2 确定数据的存取方法

(1)建立哪些索引(主索引通常已由 DBMS 在创建表时自动创建)。
选择建立索引的依据:
[1] 连接属性列;
[2] 经常出现在 WHERE、ORDER、GROUP BY 子句的列;
[3] 经常变化的列不应使用索引。

(2) 建立什么样的索引：单列、复合等。

图 6.35 为 Employee 表中属性的索引。

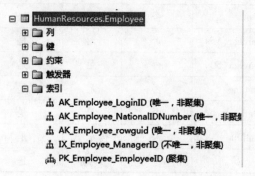

图 6.35 Employee 表中索引

从上图中可以看到，主键 EmployeeID 的索引为聚集索引，其他键的索引为非聚集索引。

6.5.3 配置数据库

配置数据库包括空间分配和参数设置两个方面。

1. 空间分配

空间分配主要包括数据库空间、日志文件大小、数据字典空间等。

如图 6.36 所示为例，AdventureWorks 数据库空间初始大小配置为 173MB，自动增长配置为增量 16MB，不限制文件增长。

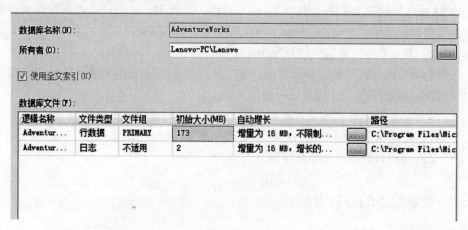

图 6.36 数据库的配置

2. 参数设置

参数设置主要包括并发用户数、超时等。

以 AdventureWorks 为例，连接数据库的超时时间可设置为 15 秒。

6.5.4 设计外模式

模式设计主要考虑系统的合理语义表现、时空效率、易维护等问题；而用户视图设计主要考虑用户的需求，包括习惯、查询特点、数据安全等因素。要考虑的内容包括如下几个方面：

(1)使用符合用户习惯的别名，使得数据的显示和输出都易于用户使用。

数据库中表的属性名有时并不适合直接让用户浏览，一个具备用户友好性的系统显示界面，应该照顾到用户的习惯，如管理信息系统 CyclesMIS 考虑到主要面对中国用户，显示的界面和产品信息的属性名都用中文进行标注，而不是直接用数据库中原表的英文名称。

(2)针对不同用户角色定义不同的用户视图，保证数据隐私和分级权限使用。

如管理信息系统 CyclesMIS 中，虽然用了同一个登录接口，但是在该管理系统中，是通过账户名对数据库中的 Employee 表和 Customer 表进行查询，得到该账户的身份类别，根据用户的身份不同让系统跳转到不同的界面，从而保证了数据隐私和分级权限。

如果没有分级权限，后果是显而易见的。如，客户登录后可以随意查看产品的成本；产品经理可以随意修改其他产品经理的个人信息。这样会很容易导致系统的混乱和严重的后果。

(3)简化用户对系统的查询。

管理信息系统 CyclesMIS 中查询语句隐藏在后台网页代码中，根据不同用户的身份，访问数据库并显示不同的查询结果。如客户登录后，网页自动查询数据库中 Production. Product 表里所有适合客户浏览的产品信息，并自动附加到产品图片的链接。

6.6 数据库系统的实施

以下以管理信息系统 CyclesMIS 为例，说明数据库系统的实现过程。

6.6.1 建立数据库

建立数据库可利用具体 DBMS 提供的可视化工具，也可直接使用 SQL 命令。按照逻辑设计和物理设计阶段的方案配置和定义数据库、表(含存储结构)、视图、索引、约束、用户、触发器等。

管理信息系统 CyclesMIS 在 AdventureWorks 数据库中原有表的基础上，新建了一些表，并添加了与原有表之间的依赖关系。启动管理信息系统 CyclesMIS 首先要参考前面章节的内容，附加 AdventureWorks 数据库，然后分别新建 Customer 表、DesignProduct 表和 Order 表。如图 6.37 所示为系统所用的几张基础表，其中 Employee、ProductPhoto、Product、ProductProductPhoto 四张表为 AdventureWorks 数据库中的基本表，系统使用了这四张表的部分属性数据和新建的三张表为后台服务器提供了数据支持。

Employee 表中存储了所有雇员的基本信息，包括雇员 ID、国际 ID 号、登陆 ID、职务类别、性别等，在管理信息系统 CyclesMIS 中使用了该表的部分属性进行系统设计，并做了一定改动，如 EmployeeID 和 NationalIDNumber 属性在管理信息系统 CyclesMIS 中分别被用作账号名和密码属性。即公司雇员可以通过自身的 EmployeeID 号和 NationalIDNumber 来登陆系统。

Product 表中存储了公司自行车产品的基本信息，既有完整的自行车产品信息，也包括了自行车零件的产品信息，表中具有产品 ID、产品名称、颜色、尺寸、标准成本、价格等属性。

ProdutPhoto 表中存储了所有产品的图片资料，把产品图片以二进制的形式保存在数据库中，表中具有产品图片 ID、图片名称、图片内容等属性（参见第六章温馨小贴士 Tip13）。

ProductProductPhoto 表是 Product 表和 ProductPhoto 表之间的关系表，保存了每个产品 ID 号与产品图片 ID 号之间的对应关系。

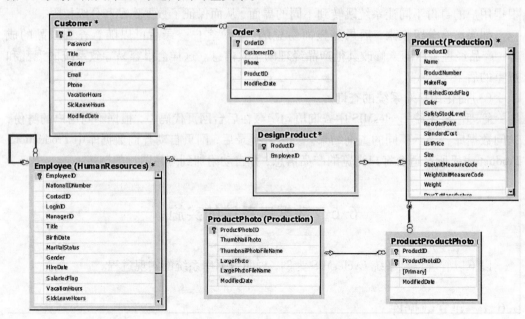

图 6.37　系统中各表之间的依赖关系

Customer 表在客户注册后会自动添加新数据，包含 ID、密码、用户类型、性别、电子邮件、电话等信息，主键为 ID，如图 6.38 所示。

DesignProduct 表中以 ProductID 为主键（依赖于 Product 表中的 ProductID），EmployeeID 为外键（Employee 表的 EmployeeID 属性），该表对应了产品经理与产品之间的设计关系，如图 6.39 所示。

Order 表中 OrderID 为主键，CustomerID 为外键（Customer 表的 ID 属性），ProductID 为外键（Product 表的 ProductID 属性），该表存储了用户提交的订单信息，包括订单号、客户 ID、客户电话、产品 ID、订单提交时间等信息，如图 6.40 所示。

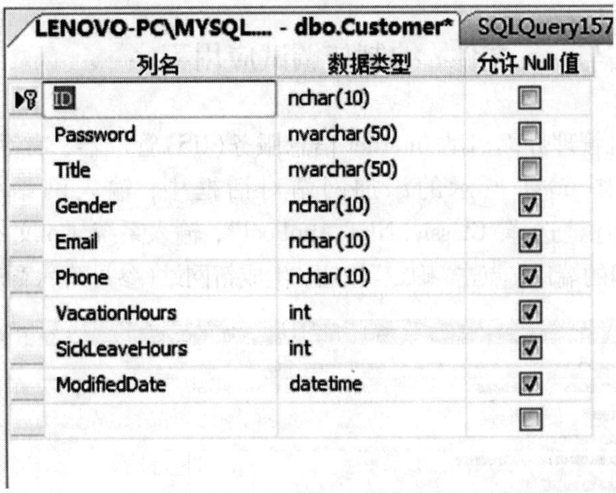

图 6.38　Customer 表的设计

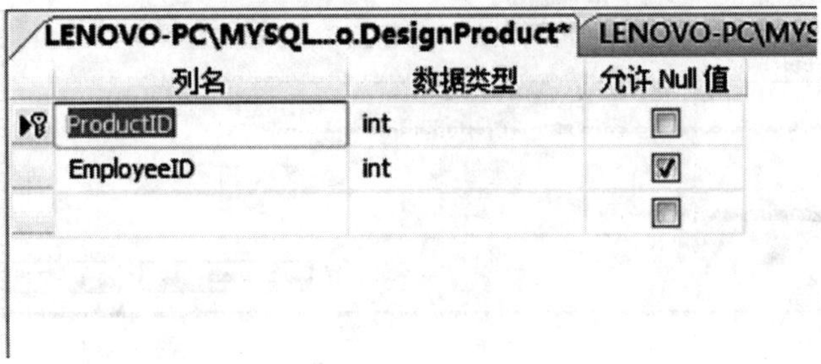

图 6.39　DesignProduct 表的设计

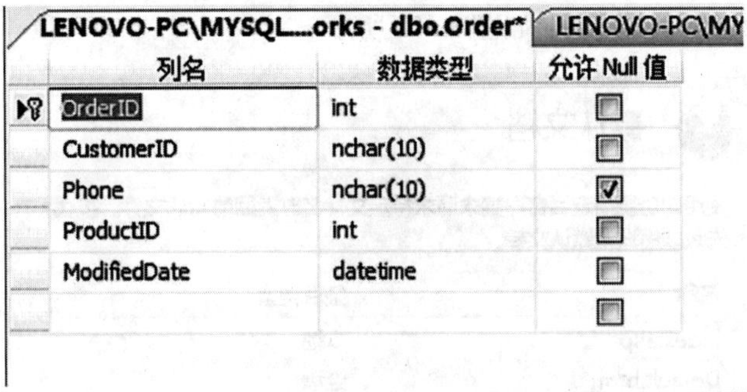

图 6.40　Order 表的设计

6.6.2　配置 ODBC 数据源并装载数据

该部分参考第四章的内容，对 AdventureWorks 数据库配置 ODBC 数据源，便于外部应用程序访问数据库。

6.6.3 配置网站与 asp 文件，编制与调试应用程序

首先，在计算机管理界面启动 Internet 信息服务(IIS)管理器，右键点击"网站"，选择"添加网站"，在如图 6.41 所示的添加网站对话框中，输入网站名"管理信息系统 CyclesMIS"，应用程序池选择"Classic. NET AppPool"，输入系统 asp 文件所在物理路径，端口注意配置一个空闲的端口，点击"确定"按钮，生成新网站(参见第六章温馨小贴士 Tip14)。

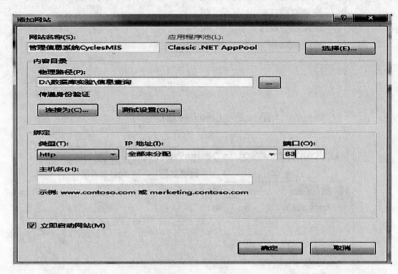

图 6.41 Order 表的设计

点击新建的管理信息系统 CyclesMIS 网站，在功能视图中选择"默认文档"，添加 index. asp 为该网站的默认文档，如图 6.42 所示。

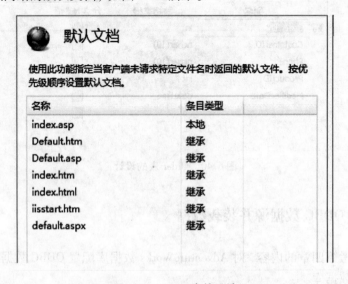

图 6.42 Order 表的设计

第六章　数据库系统开发方法

该步骤完成后，即可对该管理信息系统进行调试，测试系统功能。

6.6.4　系统测试和试运行

点击"浏览*:83(http)"或者在浏览器中输入网址"http://localhost:83/"即可访问管理信息系统 CyclesMIS,如图 6.43 所示。

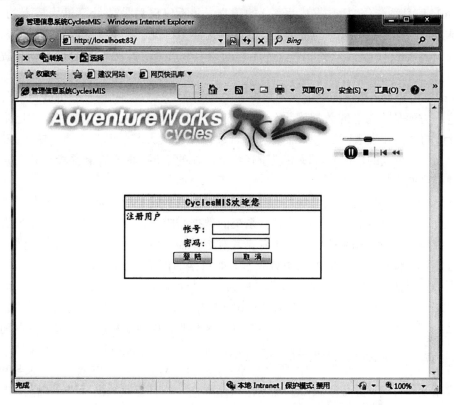

图 6.43　管理信息系统 CyclesMIS 网站

调试中可以在浏览器的地址栏中看到界面的跳转情况。网页之间的逻辑跳转包括：客户和产品经理从登陆界面跳转到 index.asp 界面，且具有不同视图；人事经理登陆后跳转到 userindex.asp 界面；客户注册用户时跳转到 submit.asp 界面；人事经理点击添加用户时跳转到 adduser.asp 界面；editpass.asp 对应密码修改界面；edituser.asp 对应用户信息修改界面。

温馨小贴士

【经验之谈】

Tip1. 信息系统（包括数据库系统）的建立，并不仅仅只是让计算机代替人的工作。在全球经济一体化的时代，创新是企业的生存之本。因此，新系统的建立首先要从企业发展的角度考虑 IT 技术怎样带来业务流程的创新和变革，其次才是通过自动化提高生产效率。

Tip2. 在开发新数据库之前，先分析老的数据库，是数据库需求分析的重要经验之一。这一方面是因为老的数据库设计和实现已考虑了足够多的数据需求，并已形成分析、设计的文档和模型，在此基础上开发新数据库可大大节省开发工期，减少工作量；另一方面，分析老的数据库可以发现原有系统存在的不足，便于在新系统中避免可能存在的缺陷和瓶颈。

Tip3. 采用 UML 进行新系统的分析建模时，所获得的类图就是需永久存储的业务对象。因此，系统分析阶段的类图就是新系统的数据需求建模。值得注意的是，要开发高质量的数据库仅有类图是不够的，还需要针对数据需求的每一项，调研业务规则，说明在业务流程中使用这些数据的约束或要求，如数据的值域、数据类型、显示格式、应用的规则等。以例 6-1 中"CyclesMIS"项目为例，与产品的销售价格有关的业务规则包括：①大于 0 的正整数；②单位为美元；③该价格的值大于产品成本的值；④价格只能由产品经理写入和修改，其他角色只能查看。这些业务规则在数据库逻辑设计时将转化为数据库的完整性约束或存储过程，提高数据库的访问效率或改进系统的鲁棒性。

Tip4. 在记录数据需求，列出所有对象名称、每一对象应具有的属性、对象与对象之间的联系及属性时，务必注意命名规范化和标准化。若有行业数据标准或规范词典，以行业标准中的概念命名为准，否则，以用户的命名习惯为准。这一经验不仅有利于系统开发人员与用户交互，还将有效提高新系统的易用性。

Tip5. 数据库的概念设计的本质是表示数据之间的语义关系，很多建模方法如 UML 类图、本体、ER 图等都可建模数据的语义关系，但就关系数据库系统而言，ER 图的概念建模更有利于数据库的逻辑设计。

ER 图的建模一般不需要从头开始，以下几种情况可快速实现数据语义的建模：①存在现有数据库或旧数据库的概念建模文档。目前的商用 DBMS 一般都提供逆向工程工具，可直接从数据库中导出旧数据库的 ER 图，在旧 ER 图基础上进行新数据库的概念设计将大大缩减工期；②企业曾经进行过顶层设计或信息系统战略规划，则顶层设计的数据架构或信息架构可作为新数据库概念建模的宏观架构，在此基础上具体化细节；③行业存在领域本体（Domain Ontology）或数据元素标准，可参照这些模型或文档进行新数据库的概念建模；④信息系统的分析阶段已形成 UML 的类图，无须再重新进行 ER 图的概念建模，但需要补充数据字典的相关内容（如业务规则、数据依赖关系、数据完整性约束等)。

Tip6. 仅绘制 ER 图，而不配文档说明是不够的。ER 图的表达能力有限，并不能表示数据的约束及其依赖关系，因此，概念建模不仅包含 ER 图的建模，还包括对 ER 图中数据语义进行详细说明的数据字典文档。

数据字典文档的格式如下所示：

① 实体或联系：名称、语义描述、属性列表、数据平均流通量、数据最高流通量、属性间的依赖关系、相关业务规则等。

② 属性（即数据元素）：属性名称、语义描述、值域、数据类型、长度、约束、相关业务规则等。

Tip7. 数据库逻辑设计的本质是在满足用户数据需求前提下，通过规范化的关系表设计，使数据更加"灵活"和"鲁棒"：使数据避免冗余或发生"错误"，并使数据访问在数据结构上更为灵活。但规范化设计可能带来数据访问效率的降低，即响应时间延迟。因此，在实际应用中，数据库逻辑设计需要在"规范化"和"性能指标"之间进行权衡。

Tip8. 产生关系表时学会建立类别实体，这样可使数据库的数据更灵活地满足业务要求。例如，员工表中将职务单独定义职务类型，如 AssociateEngineer、Engineer、SeniorEngineer、PersonnelDirector、ProductDirector、MarketingManager、CIO、CEO 等，就可以在数据库表中定义任职的起始时间和终止时间，从而更好地表示一个员工在企业的升职经历。再比如，在系统中对所有的人员表"person"单独建立地址类型，将地址分为 Site、Location、Home、Work、Client、Vendor、Corporate 和 FieldOffice 等，不仅可灵活表示一个人的不同类型的地址，还可显著降低数据的存储容量。

Tip9. 针对一个具体应用，到底规范化要进行到什么程度，需要权衡应用问题中"响应时间"和"可能出现错误"两者的利弊才能决定。一般而言，第三范式在性能、扩展性和数据完整性方面达到了最好平衡。

Tip10. 关系模式的命名要规定命名规则。例如，所有表名全大写（或首字母大写）；不同表的相同属性采用表名为前缀(员工_ID、产品_ID)等。这样做的好处是可有效区分相同概念的表、存储过程、子程序等。好的命名规则使系统易于理解，将提高数据库系统的开发效率。

Tip11. 时效性数据应包括"最近更新日期/时间"字段。时间标记对查找数据问题的原因、按日期重新处理/重载数据和清除旧数据特别有用[13]。

Tip12. 将数据库中保存的二进制图片显示到 asp 网页上时，要注意在 asp 文件中不能有通常的网页代码，否则显示结果会是乱码，可以参考附录中 imageindex.asp 文件中的代码。

Tip13. 尽量避免将图片直接以二进制形式保存到数据库中，通常更方便和更具效率的做法是把图片保存在服务器的物理路径中，即数据库存储图片的访问路径，这样可以防止影响数据库的性能。

Tip14. 配置网站时除了新建网站以外，也可以在已有的网站上配置虚拟目录，一样可以实现系统的访问。

【理论指导】

Tip15. 概念设计(Concept Design)：对用户的数据需求进行综合、归纳与抽象，形成一个独立于 DBMS 的数据概念模型。数据概念模型描述了数据之间语义关系。

Tip16. 逻辑设计(Logical Design)：将数据概念模型转换为某个 DBMS 所支持的数据模型，并对其进行优化，形成数据逻辑模型。数据逻辑模型描述了数据之间语义关系在某个 DBMS 中的实现形式。

Tip17. 物理设计(Physical Design)：物理设计的任务就是要为逻辑数据模型选取一个最适合应用环境的物理存储结构，即确定数据库的存储空间分配、空间增长策略、数据文件与事务日志文件的存放路径等。另外，还应以适当的方式对性能提供保证，如对数据量较大、主要用于查询、更新较少的数据表创建必要的索引等。

Tip18. 数据独立性(Data Independency)：数据的使用者（应用程序）在使用数据时，可以逻辑地、抽象地处理数据，而不必关心数据在计算机中的具体表示方式与存储方式。数据独立性又进一步可分为物理数据独立性和逻辑数据独立性。其中，物理数据独立性是指当数据的具体存储位置和存储方式发生变化后，应用程序可以不作修改（即不受数据物理存储的影响）。逻辑数据独立性是指当数据的具体表示方式（如数据名称、长度、组织方式）发生变化后，应用程序可以不作修改（即不受数据逻辑组织形式的影响）。数据独立性是由数据库管理系统 DBMS 实现的，目前的商用 DBMS 软件中关系数据库管理系统具有最佳的数据独立性。

【文献参阅】

Tip19. 有关信息系统的完整开发方法学，参见如下文献：Jeffrey L. Whitten, Lonnie D. Bentley, Kevin C. Dittman. 系统分析与设计方法：第 6 版[M]. 北京：机械工业出版社，2004.

Tip20. 有关数据库系统开发的详细步骤和实践训练，参见如下文献：Stephens Rod. Beginning Database Design Solutions, Wiley Publishing, Inc., Indianapolis, Indiana, 2009.

Tip21. 有关数据库系统开发的完整案例，参见如下文献：李文峰，李李，吴观福. SQL Server 2008 数据库设计高级案例教程[M]. 北京：航空工业出版社，2012.

Tip22. 有关数据库设计的详细论述，参见如下文献第 7～9 章：Silberschatz A,等. 数据库系统概念：第 6 版[M]. 杨冬青，李红燕，唐世渭，等译. 北京：机械工业出版社，2012.

Tip23. 有关 SQL Server 2008 建索引的详细知识和更多的练习题目，参见如下文献第 4～5 章：Hotek M. SQL Server 2008 实现与维护(MCTS 教程)[M]. 传思，陆昌辉，吴春华，等译. 北京：清华大学出版社，2011.

Tip24. 有关 SQL Server 2008 数据库建立的详细视频资料，参见如下文献第 4～6 章：岳付强，等. 零点起飞学 SQL Server[M]. 北京：清华大学出版社，2013.

Tip25. 系统学习 SQL Server 2008 可使用随机安装的 SQL Server 教程。

实验六：数据库系统开发

一、实验目的

1. 了解数据库系统开发的全过程。
2. 学会使用上下文图和用例图分析数据库系统的功能需求和数据需求。
3. 学会使用设计用户接口和分析质量需求。
4. 熟练掌握规范的 ER 图建模方法和数据字典文档撰写方法。
5. 熟练掌握关系模式的规范化设计技术。
6. 熟练掌握数据库物理设计的基本技巧。
7. 学会在 Internet 上编程实现满足用户要求的数据库系统。

二、实验任务

1. 阅读本章内容，学习数据库系统开发方法。
2. 调研选题，撰写开题报告。
（1）选题依据
说明研究背景和存在的现实问题，阐述数据的潜在价值，以及开发数据库系统解决现实问题的意义、经济效益或社会价值。
（2）项目开发目标
1）画上下文图，确定项目的参与者和主要功能；
2）画用例图，确定项目的主要功能；
3）根据用例图，确定项目的数据需求；
4）设计新数据库系统的用户界面和数据输入、输出需求；
5）确定新数据库系统的性能要求和质量标准。
（3）开发环境
1）说明系统开发的硬件、软件和网络环境；
2）画出新系统的体系结构图。
（4）拟订开发计划
3. 数据库概念设计。
1）画规范 ER 图，建模系统的数据需求；
2）为 ER 图配置数据字典文档。
4. 数据库逻辑设计。
1）将 ER 模型转换为关系模式；
2）对关系模式进行规范化设计；
3）根据数据字典文档，进行完整性约束设计；
4）对每一关系模式形成逻辑设计文档。

5. 数据库物理设计。
1）确定数据的存储结构；
2）确定数据的存取方法和索引方式；
3）配置数据库；
4）根据不同用户，设计数据库系统的外模式。
6. 数据库系统实施。
1）建立数据库；
2）配置 ODBC 数据源并装载数据；
3）配置网站和 ASP 文件，编制和调试应用程序；
4）系统测试和试运行。
7. 记录研究过程中遇到的问题及其解决方案。
8. 撰写研究报告，总结研究经验。

三、实验条件

1. 已安装了正版 SQL Server 2008 R2 软件的计算机。
2. 小组成员均已完成实验报告 1～5，已掌握基本的数据库建造技术。

四、研究报告格式

1. 封面
2. 目录
3. 报告正文
（1）选题依据
说明研究背景和存在的现实问题，阐述数据的潜在价值，以及开发数据库系统解决现实问题的意义、经济效益或社会价值。
（2）数据库系统开发目标
　　（a）画上下文图，说明新系统的参与者和主要功能；
　　（b）画用例图，说明系统的主要功能；
　　（c）根据用例图，说明系统的数据需求；
　　（d）设计新数据库系统的用户界面和数据输入、输出需求；
　　（e）说明新数据库系统的性能要求和质量标准。
（3）开发环境
　　（f）说明系统开发的硬件、软件和网络环境；
　　（g）画出新系统的体系结构图。
（4）数据库概念设计
　　（h）画规范 ER 图，建模系统的数据需求；
　　（i）为 ER 图配置数据字典文档。
（5）数据库逻辑设计
　　（j）将 ER 模型转换为关系模式；

(k)对关系模式进行规范化设计,说明规范的级别,并给出设计依据;

(l)根据数据字典文档,进行完整性约束设计,形成逻辑设计文档,并给出设计的理由。

(6)数据库物理设计

(m)说明数据的存储结构;

(n)说明数据的存取方法和索引方式;

(o)配置数据库;

(p)根据不同用户类型,设计数据库系统的外模式。

(7)数据库系统实施

(q)截图说明数据库的建立和成功配置 ODBC 数据源;

(r)截图说明配置网站和 ASP 文件;

(s)截图说明系统运行。

(8)创新点和特色

(t)总结研究成果的创新点和特色。

(9)参考文献

4.研究心得

总结研究过程遇到的问题及其解决方法,提炼实践经验。

5.课题组的分工

说明研究小组成员的分工和合作情况。

第七章 数据库安全管理

数据库中的数据常常可能涉及一个企业的机密或个人的隐私，因此，保障数据库的安全是数据库系统建设的重要内容之一。本章以 SQL Server 为例，从数据库的安全机制、应用程序访问、数据库加密技术等不同方面说明管理数据库安全性的方法和手段。

7.1 数据库的安全机制

SQL Server 的安全机制由安全主体和安全对象的双重控制来实现（参见第七章温馨小贴士 Tip1）。安全主体包括服务器、数据库和架构三个级别，各级主体具有的安全对象如图 7.1 所示。

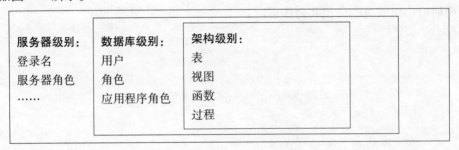

图 7.1 SQL Server 的安全主体

从上图可见，SQL Server 的数据库安全管理机制将从三个级别维护一个数据库的安全性：①对该数据库所在的服务器设置登录权限，进行身份验证，一个数据库只有一个服务器登录名。②一个数据库可被多个用户使用，一个服务器登录权限可被多个数据库用户共享。对数据库的每一用户定义其角色，并授予不同权限。应用程序亦如此。③对数据库的所有资源（即数据库对象），如表、视图、函数、过程等，可对不同用户角色和应用程序角色授予不同权限（参见第七章温馨小贴士 Tip5）。

7.1.1 创建服务器的登录名

数据库是建立在一个服务器上的，要访问该数据库就必须具有访问它所在服务器的登陆权限，以便以后访问数据库时能通过身份验证。身份验证是保障数据库安全的第一

第七章 数据库安全管理

道防线。例如，在 Windows 操作系统上装载 SQL Server 数据库管理系统时，登录的方式有两种，Windows 身份验证和 SQL Server 身份验证。Windows 身份验证依赖于 Windows 操作系统提供的登录安全，用户访问本地数据库时 Windows 操作系统自动进行身份验证。SQL Server 身份验证则需要每次连接数据库时进行登录名和密码的身份验证。为了更好地保障数据库的安全性，一般外部程序访问数据库都需要通过 SQL Server 身份验证才能访问数据库。本小节主要讨论 SQL Server 身份验证。

首先介绍如何使用 SQL Server 创建登录服务器的登录名，创建新登录的 SQL 语句格式如下所示：

CREATE LOGIN loginName ｛WITH ＜option_list1＞，＜windows_options＞｜FROM＜sources＞｝
＜option_list1＞∷=
PASSWORD =｛'password'｜hashed_password HASHED｝[MUST_CHANGE]
＜windows_options＞∷=
DEFAULT_DATABASE = database｜DEFAULT_LANGUAGE = language

例 7 - 1 为"practice"数据库建立一个名为"jlro2015"的新登录，设置密码，并选择默认数据库。

在 Transact - SQL 语言接口界面中输入如图 7.2 所示的建立表的 SQL 命令语句后，点击界面上方工具栏中的"执行"按钮，即可完成新登录名"jlro2015"的创建工作。

```
CREATE LOGIN [jlro2015] WITH PASSWORD='123',
 DEFAULT_DATABASE=[practice], DEFAULT_LANGUAGE=[简体中文], CHECK_EXPIRATION=OFF, CHECK_POLICY=OFF
GO

ALTER LOGIN [jlro2015] DISABLE
GO
```

图 7.2 建立登录"jlro2015"的 SQL 命令语句

也可使用图形化界面建立上述新登录名，其主要操作步骤如下：

［1］打开 SQL Server Management Studio，并连接到数据库引擎服务器；
［2］在"对象资源管理器"窗口中，展开"安全性"节点；
［3］右击"登录"节点，在弹出的快捷菜单中选择"新建登录名"命令；
［4］在"登录名 - 新建"对话框中，选择"常规"选项页，在"登录名"文本框中输入"jlro2015"，选择"SQL SERVER 身份验证"并输入密码，建议去掉"强制实施密码策略"选项，选择"practice"作为默认数据库，如图 7.3 所示；
［5］选择"服务器角色"选项页，选择默认值"public"，如图 7.4 所示；
［6］单击"确定"按钮，即完成创建登录操作。

上述操作中，服务器的角色是系统确定的，用户只能使用，不能更改和删除。

创建登录名和密码后，就可以进一步建立访问数据库的用户或外部应用程序接口了。

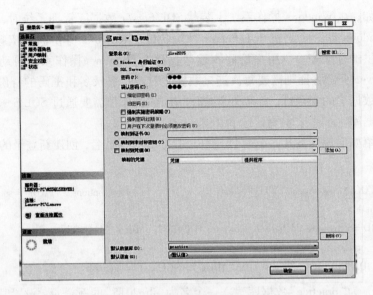

图 7.3 "登录名－新建"对话框

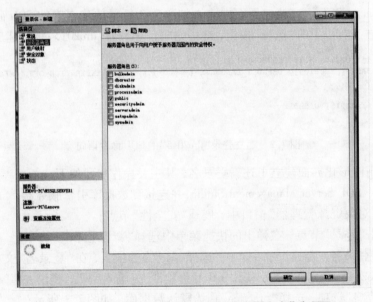

图 7.4 "登录名－新建"对话框的"服务器角色"选项页

7.1.2 创建用户

一个有效的登录身份可被多个用户共享,但在数据库建立新用户之前,必须首先建立有效的服务器登录名。

下面介绍如何为 SQL Server 创建新用户。为一个数据库创建新用户的 SQL 语句格式如下所示:

```
CREATE USER user_name
    [ { {FOR | FROM}
      {
        LOGIN login_name
        | CERTIFICATE cert_name
        | ASYMMETRIC KEY asym_key_name
      }
      | WITHOUT LOGIN
    ]
    [ WITH DEFAULT_SCHEMA = schema_name ]
```

例 7-2 为"practice"数据库建立一个"jlro2015"登录下的"jlro_1"用户，并且赋予该用户读数据库的权限。

在 Transact-SQL 语言接口界面中输入如图 7.5 所示的建立用户的 SQL 命令语句后，点击界面上方工具栏中的"执行"按钮，即可完成新用户"jlro_1"的创建工作。

```
USE [practice]
GO

/****** Object:  User [jlro_1]    Script Date: 11/16/2015 11:16:04 ******/
GO

CREATE USER [jlro_1] FOR LOGIN [jlro2015] WITH DEFAULT_SCHEMA=[dbo]
GO
```

图 7.5 建立用户"jlro_1"的 SQL 命令语句

也可使用图形化界面建立上述新用户名，除此之外，还可以在图形化界面上进一步授予更多的权限，其主要操作步骤如下：

［1］打开 SQL Server Management Studio，并连接到数据库引擎服务器；
［2］在"对象资源管理器"窗口中，依次展开"数据库"|practice|"安全性"节点；
［3］右击"用户"节点，在弹出的快捷菜单中选择"新建用户"命令，打开"数据库用户—新建"对话框，默认选择"常规"选项页；
［4］在"用户名"的文本框中输入"jlro_1"，在"登录名"文本框中选择登录名"jlro2015"，"此用户拥有的架构"和"数据库角色成员身份"均选择 db_datareader，如图 7.6 所示；
［5］选择"安全对象"选项页，在"安全对象"列表框中，单击"搜索"按钮，找到"practice"数据库，如图 7.7 所示，单击"确定"按钮；
［6］返回"安全对象"选项页，选择授予"查看定义"和"查看数据状态"的权限，如图 7.8 所示。单击"确定"按钮，完成创建新用户操作。

建立了数据库用户后，该用户就可以通过身份验证登录到相应的数据库，并按照所赋予的权限使用该数据库。

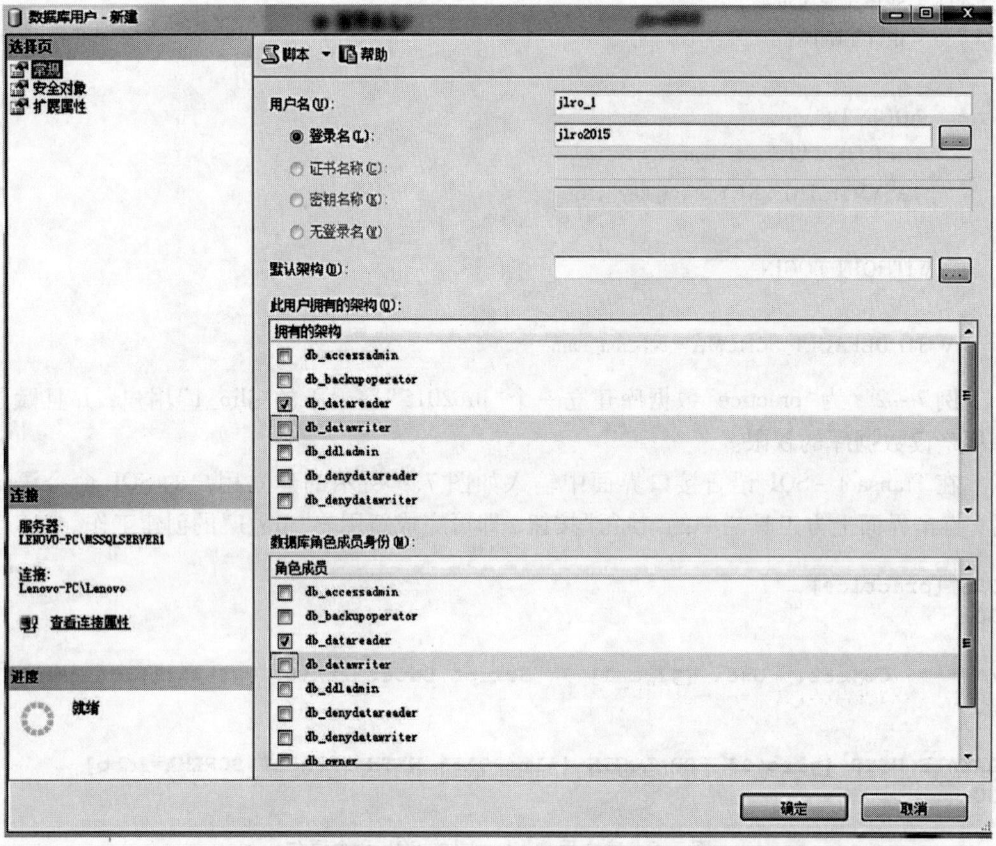

图 7.6 "数据库用户-新建"对话框的"常规"选项页

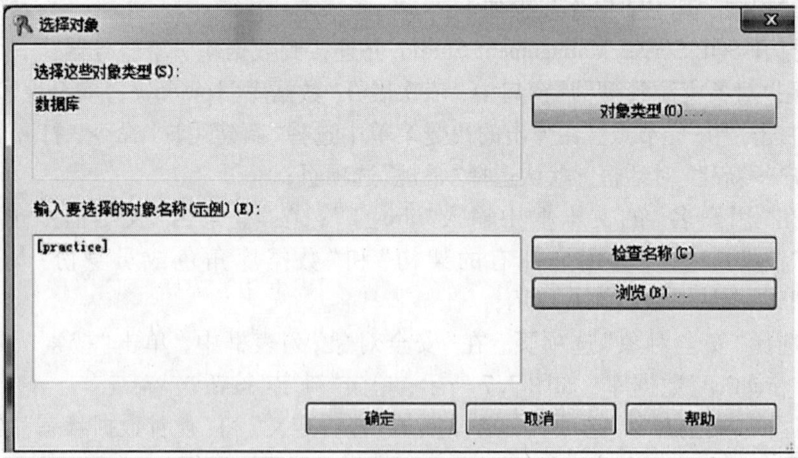

图 7.7 "选择对象"对话框

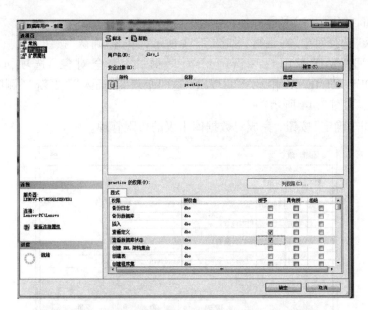

图7.8 "数据库用户-新建"对话框的"安全对象"选项页

7.1.3 数据库对象权限管理

用户在使用数据库时,可根据架构中的不同安全对象的类别,分别授予不同的权限(授权注意事项可参见第七章温馨小贴士Tip2)。也即允许用户以特定的权限访问数据库中的相应对象,如表、视图、函数、过程等(参见第七章温馨小贴士Tip3)。

例7-3 为"jlro2015"登录下的"jlro_1"用户赋予使用"practice"数据库中EMPLOYEE表和DEPARTMENT表的插入、更新、删除三类权限。

主要操作步骤如下:

[1] 打开SQL Server Management Studio,并连接到数据库引擎服务器;

[2] 在"对象资源管理器"窗口中,依次展开"数据库"|practice|"安全性"|"用户"节点;

[3] 右击"jlro_1"节点,在弹出的快捷菜单中选择"属性"命令,打开"数据库用户"对话框;

[4] 选择"安全对象"选项页,在"安全对象"列表框中,选择"搜索"按钮,进入"添加对象"对话框,选择"特定对象"选项,点击"确定"按钮;

[5] 选择"安全对象"选项页,在"安全对象"列表框中,单击"搜索"按钮,打开"添加对象"对话框,如图7.9所示;

[6] 选中"特定对象",单击"确定"按钮,返回"选择对象"对话框,单击"对象类型"按钮,如图7.10所示;

[7] 打开"选择对象类型"对话框,并选中"数据库",单击"确定"按钮,如图7.11所示,返回"选择对象"对话框;

[8] 单击"浏览"按钮,进入"查找对象"对话框,选中practice数据库,单击"确定"

按钮,如图 7.12 所示;

[9] 返回"选择对象"对话框,如图 7.13 所示,单击"确认"按钮;

[10] 返回"数据库用户 – jlro_1"对话框的"安全对象"选项页,分别选择"DEPARTMENT"和"EMPLOYEE"这两张表的"插入""更新""删除"的授予选项,如图 7.14 所示;

[11] 单击"确定"按钮,完成对数据库中表的权限管理。

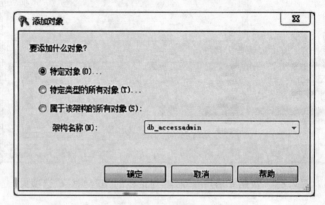

图 7.9 "添加对象"对话框

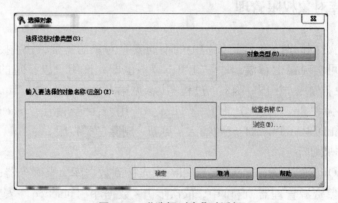

图 7.10 "选择对象"对话框

图 7.11 "选择对象类型"对话框

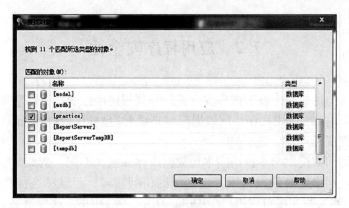

图 7.12 "查找对象"对话框

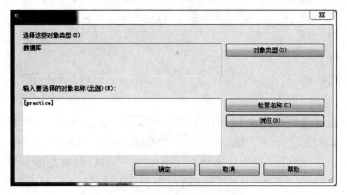

图 7.13 "选择对象"对话框

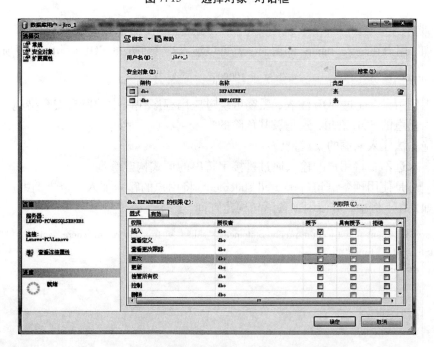

图 7.14 "数据库用户"对话框的"安全对象"选项页

7.2 应用程序安全性

应用程序安全性是在遵循数据库安全机制和授权访问控制之下需重点防范的安全威胁和安全漏洞。因此，应用程序访问数据库时必须对用户进行身份验证，并确保用户只在授权范围内完成任务。

应用程序访问数据库与本机访问本地数据库存在很大不同。例如，程序访问数据库的指令需要经过网络传输到数据库管理系统的访问接口，而程序连接数据库使用的口令、密码等，是明文写在接口代码（如 JDBC、ODBC 等）中的，这样就会存在安全隐患，当用户名、密码被非法盗用后，就可能导致数据库被未授权用户访问。应用程序引起的安全威胁主要包括 SQL 注入、密码泄露、跨站点脚本等多种情况（参见第七章温馨小贴士 Tip4）。

7.2.1 SQL 注入

SQL 注入是指黑客利用应用程序存在的安全漏洞，非法注入一个 SQL 语句，在应用程序所有者不知情的情况下，执行了一个数据库的访问操作。通过使用预备语句（PreparedStatement），就可以避免黑客通过 SQL 注入技术窃取数据或损坏数据库。

例如，当用户使用如下所示的语句，通过字符串拼接建立一个查询时，就存在安全漏洞。

"select * from instructor where name = '" + name + "'"

例如，用户在输入"name"的值时，就可以注入一个非法的 SQL 语句，如下所示：

X'; update instructor set salary = salary + 10000;

由上例可见，通过 SQL 注入，黑客可绕过应用程序代码中的所有安全措施，在数据库上插入任意的 SQL 语句，这是极其危险的！

杜绝非法注入漏洞的关键措施：

［1］永远不要将用户的输入通过拼接字符串的形式构建查询。

［2］总是使用预备语句（prepared statement）将用户的输入加入一个查询中。

例如，在上例中，可使用预备语句构建查询。

PreparedStatement pStmt = conn. prepareStatement("select * from instructor where name = '?'");
pStmt. setString(1, "Jimin");
  pStmt. executeQuery( )

7.2.2 密码泄露

应用程序开发人员必须警惕的另一安全隐患：用户的密码保存在应用程序的明文中。

最典型的密码泄露隐患包括：①使用 JSP 脚本的程序通常在明文中包含密码；②使用中间件（JDBC、ODBC 等）的应用程序在明文中包含密码。

使用 JSP 脚本的程序若在明文中包含密码，如果这种脚本保存在一个 Web 服务器可访问的目录中，一个外部程序就可能能够访问脚本的源码，并获取应用程序使用的数据库账户的密码。为了避免这种情况，许多应用服务器提供用编码的形式保存密码的机制，在传送给数据库之前，服务器自动对其解码。该功能避免了在应用程序中明文存储密码的可能，但当解码密钥易于破解时，该方法仍然存在安全隐患。

防止数据库密码泄露的另一措施是由数据库管理系统来建立。有些数据库管理系统在建立用户身份认证时，将数据库的访问源限制在一个给定的网络地址集合中，这样，即使黑客获取了密码，只要未入侵到相应的应用服务器，就无法访问数据库。

7.2.3 跨站点脚本和请求伪造

网络环境下的应用程序很容易受到攻击。常见的形式为跨站点脚本（Cross – Site scripting, XSS）攻击和跨站点请求伪造（Cross-Site Request Forgery, CSRF or XSRF）。

跨站点脚本攻击是指一个黑客在需要输入用户有效姓名或评论的文本时，恶意地输入 JavaScript 或 Flash 的客户端脚本语言编写的执行代码。当另一用户阅览输入的这段文本时，浏览器将会执行脚本，脚本的执行可能带来一系列操作，如将用户的私人 cookie 信息发送给恶意的黑客，导致隐私信息泄露，而这些隐私信息可能使黑客能够入侵数据库。

跨站点请求伪造是指上述跨站点脚本攻击中，利用脚本设置特定参数，伪造请求，访问和修改重要数据。例如，如下的一行代码就可以导致银行接受参数，自动转账。

< img src = "http://mybank.com/transfermoney? amount = 1000&toaccount = 14523" >

防范 XSS 和 XSRF 的主要措施包括如下几个方面：

（1）禁止用户输入的任何文本中包含任何 HTML 标签，应用程序中具有检测或去除这些标签的函数。这一措施可有效防范网站被用于发动 XSS 和 XSRF 攻击。

（2）通过检查引用页是否有效，即引用页 URL 是否为同一网站上的网页，则可防止来自不同网页上的 XSS 攻击。

（3）只使用 cookie 标识一个会话，还可以将会话限制在原始验证它的 IP 地址上。这使得黑客即使得到 cookie 信息，也无法从其他计算机上登录。

（4）决不使用 GET 方法执行任何更新，这可有效防范利用 < img src = … > 的攻击。

7.3　数据库加密技术

数据库的数据是以数字形式存储在服务器中，这种存储方式同样存在安全隐患。在实际的网络环境中，有很多黑客技术或方法可以通过网络获取数据库管理系统的身份认证。以 SQL Server 为例,最简单的方法是通过使用没有口令的 sa 账号。尽管 SQL Server 2014 远比它以前的版本安全,但攻击者还是有可能通过网络获得存储的数据。因此,数据加密是更彻底的数据保护战略,这使得即使攻击者得以存取数据,也难以解密,进而对数据增加了一层更为有力的保护。

本节从数据库内容加密的视角,讨论数据库的安全管理方法。

7.3.1 数据文件和日志文件的加密

数据库系统的存储主要包含数据文件、日志文件、备份文件等。对数据文件和日志文件的加密方式主要包含如下几种:

(1) 对称式密钥加密(Symmetric Key Encryption)

对称式加密方式对加密和解密使用相同的密钥。通常,这种加密方式在应用中难以实施,因为用同一种安全方式共享密钥很难。但当数据储存在 SQL Server 中时,这种方式很理想,可以让服务器管理它。SQL Server 提供 RC4、RC2、DES 和 AES 系列加密算法。

(2) 非对称密钥加密(Asymmetric Key Encryption)

非对称密钥加密使用一组公共/私人密钥系统,加密时使用一种密钥,解密时使用另一种密钥。公共密钥可以广泛地共享和透露。当需要用加密方式向服务器外部传送数据时,这种加密方式更方便。SQL Server 支持 RSA 加密算法的 512 位、1,024 位和 2,048 位密钥强度。

(3) 数字证书(Certificate)

数字证书是一种非对称密钥加密,但是,一个组织可以使用证书并通过数字签名将一组公钥和私钥与其拥有者相关联。SQL Server 支持"因特网工程工作组"(IETF) X. 509 版本 3 (X.509v3) 规范。一个组织可以使用 SQL Server 外部生成的证书,或者可以使用 SQL Server 生成证书。

(4) 透明数据加密(Transparent Data Encryption)

透明数据加密即 TDE,它允许你完全无需修改应用程序代码而对整个数据库加密。当一个用户数据库可用且已启用 TDE 时,在写入磁盘时在页级实现加密,在数据页读入内存时解密。如果数据库文件或数据库备份被盗,没有用来加密的原始证书将无法访问。"透明数据加密"(TDE) 可对数据和日志文件执行实时 I/O 加密和解密。这种加密使用数据库加密密钥(DEK),该密钥存储在数据库引导记录中以供恢复时使用。DEK 是使用存储在服务器的 master 数据库中的证书进行保护的对称密钥,或者是由 EKM 模块保护的非对称密钥。TDE 保护"处于休眠状态"的数据,即数据和日志文件。软件开发人员借此可以使用 AES 和 3DES 加密算法来加密数据,且无需更改现有的应用程序。

数据库加密的程序如下所示:

```
USE master;
GO
CREATE MASTER KEY ENCRYPTION BY PASSWORD = ' <199511 >';
```

go
CREATE CERTIFICATE MyServerCert WITH SUBJECT = 'My DEK Certificate';
go
USE goods;
GO
CREATE DATABASE ENCRYPTION KEY
WITH ALGORITHM = AES_128
ENCRYPTION BY SERVER CERTIFICATE MyServerCert;
GO
ALTER DATABASE goods
SET ENCRYPTION ON;
GO

执行上述程序,如图 7.15 所示。

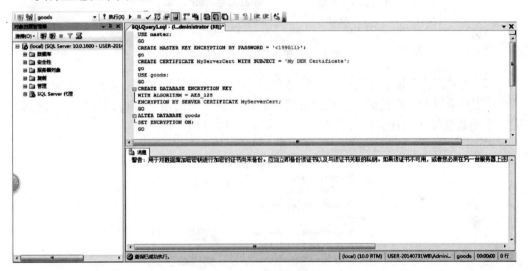

图 7.15　数据库加密

值得注意的是,使用证书加密时,如果用于对数据库加密密钥进行加密的证书尚未备份,则应当立即备份该证书以及与该证书关联的私钥。如果该证书不可用,或者必须在另一台服务器上还原或附加数据库,则必须对该证书和私钥均进行备份,否则将无法打开该数据库。

7.3.2　用户隐私信息的加密

尽管数据库主要数据文件和日志文件能够被加密,但这并不能保证万无一失,仍然存在一定的安全隐患。例如,用户的信息可能通过数据注入的方式泄露。因此,需要对用户的隐私信息进行加密,以保证其安全性。常用的加密方法是通过用户自己设置的密码将自己的信息进行加密,这样即便是管理员也不能得到用户的隐私信息。

对用户隐私信息进行加密的一般方法包括如下几种方式。

（1）使用 AES – 128 加密算法。高级加密标准（Advanced Encryption Standard，AES）在密码学中又称 Rijndael 加密法，是美国联邦政府采用的一种区块加密标准。这个标准用来替代原先的 DES 技术，DES 已经被广泛分析难以达到加密的安全效果。高级加密标准由美国国家标准与技术研究院（NIST）于 2001 年 11 月 26 日发布于 FIPS PUB 197，并在 2002 年 5 月 26 日成为有效的标准。2006 年，高级加密标准已成为对称密钥加密中最流行的算法之一。使用 AES – 128 加密算法加密后的信息如图 7.16 所示。

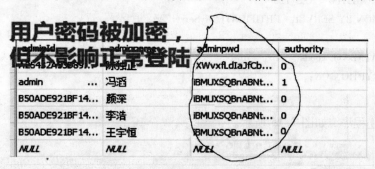

图 7.16　用户的隐私信息加密

（2）在数据持久层，将用户的隐私信息以用户的注册密码加密，而后存储到数据库表中，用户登录时，通过提供正确的密钥才能访问到正确的信息和得到该用户的访问权限。一个数据持久层在文件目录中的位置示例如图 7.17 所示。

图 7.17　数据持久层在文件目录中的位置示例

7.3.3 数据库登陆信息的加密

直接将连接数据库的用户名和密码存储到项目的源码或配置文件中是非常危险的，为此，可通过将数据库登陆的信息用 AES – 128 的加密形式单独保存，以防被窃取。打开 Tomcat 时，如果 WEB 服务器在路径 D：Certificat_defaultname（在 webapps\goods\WEB – INF\classes\applicationContext.XML 中设置）没有找到登录文件，那么将提示输入连接数据库的用户名和密码，而且输入内容的回显被屏蔽，输入的信息被加密保存到路径 D：Certificat_defaultname，再次打开 Tomcat 服务器时不需要再次输入连接信息。如图 7.18 所示。

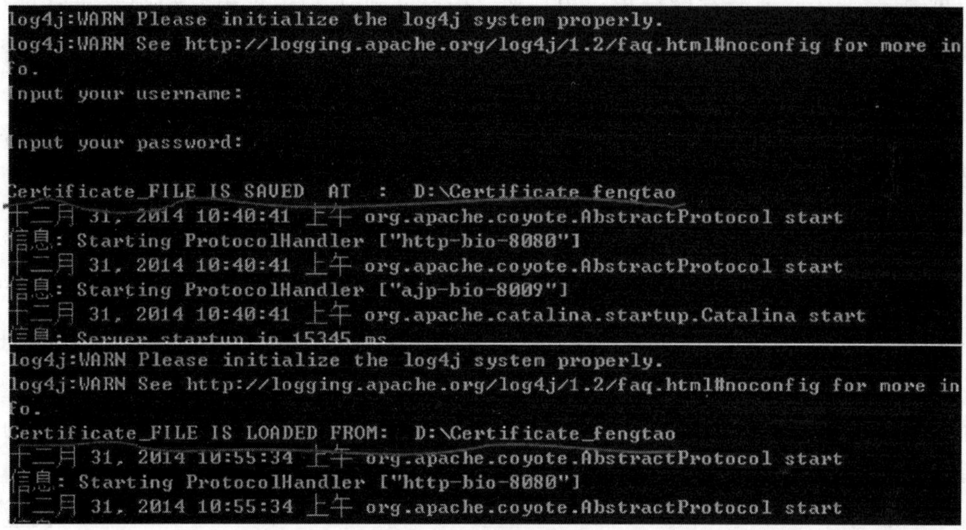

图 7.18 加密连接数据库的用户名和密码

温馨小贴士

【经验之谈】

Tip1. 用户 sa 是 SQL Server 默认的超级管理员,所以一定要确保 sa 密码的安全性,尽量把密码设置得更复杂。

Tip2. 控制权限的时候需要注意几点:Grant 会删除主体作用于安全对象上的 Deny 和 Revoke,反之亦然;Revoke 会删除主体作用于安全对象上的 Grant 和 Deny;在高层级上的 Deny 会覆盖任何子层级的 Grant。

Tip3. 一些不必要的存储过程可以删除,以防止被人利用来提升权限或进行破坏。尤其是执行操作系统命令、操纵 OLE 自动化对象、注册表访问、文件操作类、进程管理类、任务管理类的存储过程,都有可能被恶意利用。

Tip4. 配合防火墙过滤指定端口访问,利用防火墙来限制对端口的访问是一种常见的安全防卫手段。

Tip5. 禁用一些不必要的协议也可以增强数据库系统的安全性。

【理论指导】

Tip6. 安全性(Security):保护数据库以防止不合法的使用造成的数据泄露、更改或破坏。

Tip7. 安全主体(Principals):在数据库管理系统中,为访问资源而自动分配安全标识符的账户持有者。请求服务器、数据库或架构资源的实体都是安全主体,包括用户、组或计算机。

Tip8. 安全对象(Securable Object):用户在访问时,受数据库管理系统控制的资源,即受数据库管理系统保护、只有特定的主体可以访问的资源。因为所有的数据库对象(包括服务器、表、视图和触发器等)都在数据库管理系统权限控制体系之中,所以所有的数据库对象都可以视为安全对象。

Tip9. 权限(Permission):让主体获得特定安全对象的访问。一般包括了对数据库的创建、更改、删除、读取等各类权限。用户通过授权可以获得对应的权限。

【文献参阅】

Tip10. 有关 SQL Server 2008 安全性的详细知识与训练习题,参见如下文献第十一章:Hotek M. SQL Server 2008 实现与维护(MCTS 教程)[M]. 传思,陆昌辉,吴春华,等译. 北京:清华大学出版社,2011.

Tip11. 有关数据库安全性的理论知识,参见如下文献第九章的 7、8 两小节:Silberschatz A,等. 数据库系统概念:第 6 版[M]. 杨冬青,李红燕,唐世渭,等译. 北京:机械工业出版社,2012.

Tip12. 有关 SQL Server 2008 数据安全性的视频资料,参见如下文献第七章:岳付强,等. 零点起飞学 SQL Server[M]. 北京:清华大学出版社,2013.

实验七：数据库安全

一、实验目的

1. 熟练掌握 SQL Server 数据库安全机制。
2. 学会防范应用程序的安全漏洞。
3. 学会使用数据库加密技术。

二、实验任务

1. 为第二章的数据库创建一个用户，其登录名和用户名均为"director"，设置密码，建立完整的 SQL Server 身份验证。分配给该用户在该数据库中具有创建表和视图的权限，并使该用户具有查看和修改该数据库所有表的权限。

2. 使用第四章的程序环境，编制一个网页用户录入接口，完成一个 SQL 注入实验；然后，使用预备语句重新编制程序，对比实验结果的不同。

3. 完成如下加密操作：
（1）对第二章的数据库的数据文件和日志文件进行加密。
（2）对"director"的登录信息进行加密。

第八章 建造多媒体数据库

现代 IT 技术可处理多种类型的数据信息，如文档、网页、图像、视频、音频等多种形式。如何利用数据库技术高效率实现不同媒体数据的存储管理，是当前数据库管理人员必须面临的现实问题。例如，当管理多媒体数据对象需要使用数据库管理系统 DBMS 提供的功能时，比如级联删除，为了保证数据的一致性，将多媒体数据直接存储在数据库中，是一个不错的办法。而在另外一些情况下，如图像数据太大，直接存储在数据库中可能使得数据库操作效率较低，则将图像数据存在文件中，将数据的访问地址存储在数据库中可能使数据操作更为有效。

本章主要介绍如何在 SQL Server 2008 中建立并操作存储多媒体数据的数据库，以及如何使用 Java 程序实现多媒体数据库的访问。

8.1 多媒体数据的存取

在使用 SQL Server 2008 实现的数据库中，每个字段的数据类型可以是字符型、数值型等常规数据类型，这些类型的数据存取方法前文已经介绍，但对于 Binary、varbinary、TEXT、NTEXT 和 IMAGE 等类型的多媒体数据，则无法采用常规的方法实现存储、读取、检索等功能。上述类型的多媒体数据被称为二进制大对象 BLOB（Binary Large Object），称为大对象类型数据。二进制大对象可以通过 BLOB 类型存入数据库，如果文本对象过大，超出了文本类型的规定长度，则必须用 BLOB 字段进行存储。

将 BLOB 数据存储在数据库的相应字段中，其存取的方式与普通数据有所区别，而且，经常使用的编程环境并不能直接支持 BLOB 字段，因此需要调用相应的函数完成 BLOB 数据的使用。

下面分别介绍在 SSMS 中和在 Java 中通过 JDBC 如何实现在 SQL Server 数据库中存取 BLOB 数据。

8.1.1 在 SQL Server 2008 中创建 BLOB 类型字段并存储 BLOB 数据

BLOB 数据是一个每条记录都拥有大量数据的字段，这个数据可以是文本格式的，也可以是二进制格式的。在 SQL Server 2008 中使用 BLOB 数据时，每条记录的数据量一般都远远超过了一个单独记录的 8KB 的限制。

SQL Server 2008 有多种数据类型可用于存储 BLOB 数据，包括 TEXT、NTEXT 和 IMAGE 等数据类型。TEXT 数据类型用于存储非 Unicode 的 BLOB 数据，而 NTEXT 数据类型用于存储 Unicode 的 BLOB 数据，IMAGE 数据类型用于存储二进制 BLOB 数据，用户可以使用 IMAGE 数据类型来存储任何二进制数据，例如图片、文档、压缩数据等。因为数据是二进制格式的，所以 IMAGE 数据既可以是 Unicode 的数据，也可以是非 Unicode 的数据（参见第八章温馨小贴士 Tip7）。

在使用上述数据类型时，需要用户指定要存储的数据的最大规模，这些数据类型允许用户在每条记录里最大存储 2GB 的数据（对于字符和二进制数据是 2^{31} 位，对于 Unicode 数据是 2^{30} 位）（何时使用 BLOB 存储数据，参见第八章温馨小贴士 Tip1 ~Tip6）。下面是创建一个能够存储 IMAGE 数据的表 EmployeesPhoto 的 SQL 代码。

```
CREATE TABLE EmployeesPhoto (
    Id int,
    Name varchar(50),
    Photo varbinary(max)
)
```

执行后在 AdventureWorks 数据库中出现了表 EmployeesPhoto，如图 8.1 所示。

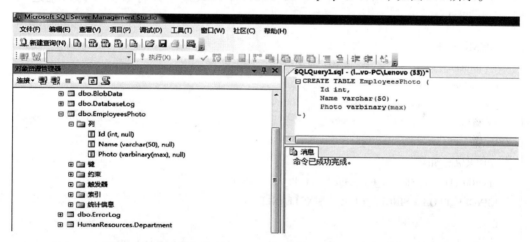

图 8.1　创建一个能够存储 IMAGE 数据的表 EmployeesPhoto

使用二进制数据有三种类型，分别为 Binary、varbinary(n) 和 varbinary(max)。Binary：文件大小固定，最大长度可达 8000 字节；varbinary(n)：文件大小可变，最大长度可达 8000 字节（n 指明最大文件长度）；varbianry(max)：文件大小可变，数据存储可达最大值。

上面的例子中，由于图片大小不等，所以需要使用 varbinary(n) 或 varbianry(max) 数据类型，这里的 "var" 就是变量的意思。varbinary 数据类型的最大长度为 8000 字节；SQL Server 2008 中，"varbinary(max)" 最大可存储 2GB 的文件数据。

使用一个叫作分层存储的存储设计是一种降低 SQL Server BLOB 存储的每个字节总成本的简单方法。分层存储技术将高访问的数据放置在更快、更贵的存储器里，不经常访问的数据则放在慢一些、较便宜的存储器里。

通过命令服务器在一个独立于行数据的文件组里存储 BLOB 数据,可以实现分层存储,SQL Server 2008 在 CREATE TABLE 命令时,使用 TEXTIMAGE_ON 参数,将一个 SQL Server 表里的所有 BLOB 数据存储在一个单独的文件组里。其语法如下:

CREATE TABLE TextDataExample
(TextID int IDENTITY(1,1),
TextDescription varchar(25),
LongText TEXT)
ON [PRIMARY] TEXTIMAGE_ON [TextDataFileGroup]

有关分层存储的实现,更详细的技术细节请参考微软 MSDN 网站[14]。

建立好表后,可以使用 SQL 语句向表中 BLOB 类型字段插入 BLOB 数据。向上述建立的 EmployeesPhoto 表中插入图片数据的 SQL 代码如下(注意文件路径,这里将 test.bmp 图片放在 D 盘根目录下):

INSERT INTO dbo.EmployeesPhoto SELECT 1,'liubin',BulkColumn from Openrowset(Bulk'd:/test.bmp', Single_Blob) as EmployeePicture

上述代码中,用到了 Openrowset 函数,该函数通过内置的 BULK 访问接口支持大容量操作,正是有了该访问接口,才能从文件中读取数据并将数据作为行集返回。Openrowset 的语法如下:

OPENROWSET
({'provider_name', {'datasource';'user_id'; 'password'
| 'provider_string'}
, {[catalog.] [schema.] object
|'query'
}
|BULK'data_file',
{FORMATFILE = 'format_file_path' [<bulk_options>]
|SINGLE_BLOB | SINGLE_CLOB | SINGLE_NCLOB}
})

执行上述向 EmployeesPhoto 表中插入图片数据的 SQL 代码的结果如图 8.2 所示。

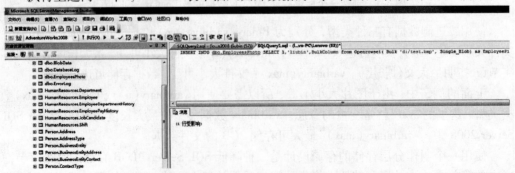

图 8.2　向表中 BLOB 类型字段插入 BLOB 数据

当然，也可以不使用 Openrowset 函数，使用一般插入数据的方法，直接将十六进制的数据插入表中，SQL 语句如下（语句中第三个值是为图形的十六进制数据，可以通过 C++、Java 和 UltraEdit 等工具获得，省略号为文件十六进制码的中间部分）：

INSERT INTO dbo.EmployeesPhoto values(2,'test',0xFFD8FFE……F00ED4FFFD9)

8.1.2　在 SQL Server 2008 中查询和更新 BLOB 数据

向表中 BLOB 类型字段插入 BLOB 数据后，可以使用 SQL 语句查询访问该数据。查询 8.1.1 小节中建立的 EmployeesPhoto 表中的数据代码如下：

SELECT [Id],[Name],[Photo] FROM [dbo].[EmployeesPhoto]

执行上述 SQL 语句结果，可以看到，图片数据用十六进制显示出来，如图 8.3 所示。

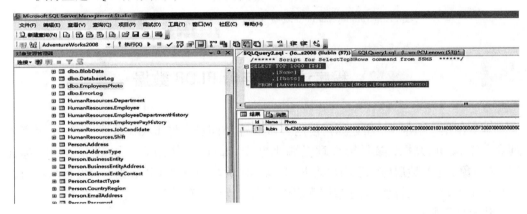

图 8.3　使用 SQL 语句查询访问 BLOB 数据

与插入 BLOB 数据类似，使用 Openrowset 函数从文件读取数据后，使用 update 语句可以将读取的数据更新到数据库。将上述 EmployeesPhoto 表中的插入图片数据更新为 D 盘根目录下的 test.jpg 文件数据的 SQL 代码如下：

update EmployeesPhoto set photo =（SELECT ＊ from Openrowset（ Bulk'd:/test.jpg', Single_Blob）as alias）where id = 1

执行上述 SQL 的结果如图 8.4 所示。

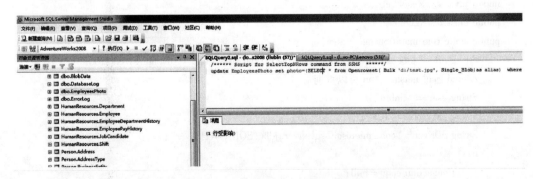

图 8.4　用 update 语句可以将读取的数据更新到数据库

使用查询语句，可以看到 EmployeesPhoto 表中 id = 1 的 photo 字段数据已经更新，如图 8.5 所示。

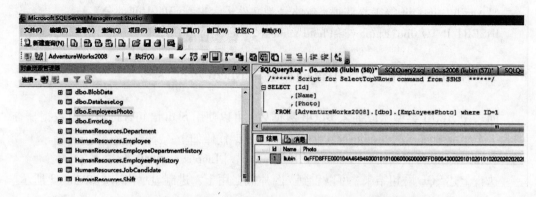

图 8.5　EmployeesPhoto 表中 id = 1 的 photo 字段更新后数据

8.2　程序访问和存储 BLOB 数据

本节使用一个例子，讲述如何使用 Java 程序访问和存储 BLOB 数据（VC ++ 程序访问和存储 BLOB 数据，参见第八章温馨小贴士 Tip11）。使用 8.1.1 节中创建的包含 BLOB 对象的表，然后向此表中写入 BLOB 对象（读写编辑 BLOB 数据，参见第八章温馨小贴士 Tip13），最后再将这些数据库表中的数据读出并存储到本地。

代码如下所示：

```
package SQL;
import java.io.FileInputStream;
import java.io.FileOutputStream;
import java.io.InputStream;
import java.sql.Connection;
import java.sql.DriverManager;
import java.sql.PreparedStatement;
import java.sql.ResultSet;
public class testBLOB{
public static void main(String[ ] args) {
    String url = "jdbc:sqlserver://localhost:1433;DatabaseName = AdventureWorks2008";
    //cmd 通过 netstat -an 可以查询端口
    String user  = "liubin";
    String password = "123";
    String SDriver = "com.microsoft.sqlserver.jdbc.SQLServerDriver";
    try {
        Connection conn = null;
        try {
```

```java
Class.forName(SDriver);
conn = DriverManager.getConnection(url, user, password);
for (int op = 0; op < 2; op++) {
    /* 首先，插入数据到数据库，实现与下述语句的功能：
    INSERT INTO dbo.EmployeesPhoto SELECT3,'testJava',BulkColumn from Openrowset( Bulk 'd:/test.jpg', Single_Blob) as EmployeePicture
    */
    if (op == 0) {
        PreparedStatement ps = conn
            .prepareStatement("insert into EmployeesPhoto values(?,?,?)");
        ps.setInt(1, 3);
        ps.setString(2, "testJava");
        InputStream in = new FileInputStream("d:/test.jpg");
        ps.setBinaryStream(3, in, in.available());
        ps.executeUpdate();
        ps.close();
    } else {
        /* 然后，从数据库取数据，实现与下述语句的功能：SELECT * FROM [dbo].[EmployeesPhoto] where id = 3 */
        PreparedStatement ps = conn
            .prepareStatement("select * from EmployeesPhoto where id = ?");
        ps.setInt(1, 3);
        ResultSet rs = ps.executeQuery();
        rs.next();
        /* 最后，将取出的数据保存到本地 */
        InputStream in = rs.getBinaryStream("photo");
        System.out.println(in.available());
        FileOutputStream out = new FileOutputStream(
            "d:/testjava.jpg");
        byte[] b = new byte[1024];
        int len = 0;
        while ((len = in.read(b)) != -1) {
            out.write(b, 0, len);
            out.flush();
        }
        out.close();
        in.close();
        rs.close();
        ps.close();
    }
}
} catch (Exception ex) {
```

```
                ex. printStackTrace(System.out);
            } finally {
        if (null ! = conn)
            conn.close();
        }
    } catch(Exception err) {
        err.printStackTrace(System.out);
    }
}
```

首先，程序将 BLOB 数据插入到数据库，实现下述语句的功能：

INSERT INTO dbo. EmployeesPhoto SELECT3,′testJava′,BulkColumn from Openrowset(Bulk′ d:/test.jpg′, Single_Blob) as EmployeePicture。

然后，程序从数据库取出数据，实现下述语句的功能：

SELECT * FROM [dbo].[EmployeesPhoto] where id = 3。

最后，程序通过 getBinaryStream 函数取得所需数据，并使用 FileOutputStream 类对象的 write 函数将取出的数据保存到本地。

执行程序前 D 盘根目录下有一个图片文件 test.jpg，如图 8.6 所示。

图 8.6 执行程序前 D 盘根目录下有一个图片文件 test.jpg

执行程序时，程序在 D 盘根目录下生成了一个图片文件 testjava.jpg，可以使用看图工具打开，和存入数据库的 test.jpg 文件内容相同，如图 8.7 所示。

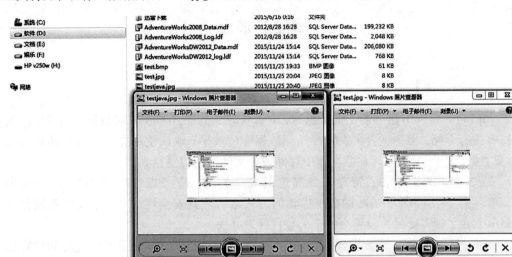

图 8.7　程序访问 BLOB 数据并生成一个图片文件 testjava.jpg

实际上，写入 BLOB 时一般只能使用 PreparedStatement 对象，一般使用其 setXXXStream 写入流。读出时一般通过 getBlob( )方法，和其他提取基本数据类型字段的方法完全相同，接着就可以得到此 BLOB 实例的流数据了，这时，就可以像处理其他流数据一样处理 BLOB 实例的数据。

温馨小贴士

【经验之谈】

Tip1. 作为 Web 服务器上的数据库,对大量较大的图片和音视频数据,不建议使用 BLOB 进行存储,因为这会大大降低访问数据库的效率;建议使用文件系统存储较大的对象数据(大于 1MB),而在数据库中存储数据文件的相对路径。

Tip2. 对 BLOB 对象的管理需要高度的安全性时,应考虑使用 BLOB。因为使用 BLOB,可以利用 SQL Server 的数据库访问方式来管理其安全性,而使用文件系统存储 BLOB 对象,则需要另外设置更安全的替代管理办法。

Tip3. 使用 BLOB,需要考虑数据库用户对数据库的访问方式以及对响应时间的容忍程度,如果用户通过 ODBC 方式访问数据库,可能出现连接超时和连接失败的问题。

Tip4. 如果需要对 BLOB 对象进行频繁的修改操作,或这些对象占用空间很大,则会产生较多的碎片,这时,需要考虑文件系统比 SQL Server 更强的处理碎片的能力。

Tip5. 使用 BLOB 时,需要考虑系统是否必需事务控制,如果必需,那么 SQL Server 更好,因为 SQL Server 内置了事务控制的解决方案。

Tip6. 在使用 SQL 语句查询操作 BLOB 数据时,应注意 BLOB 自断后必须用字段别名命名,即使用 as,否则会出现错误提示"必须在 From 字句中为大容量行集指定相关名称"。

Tip7. SQL Server 可以作为存储图像和 BLOB 数据的便携容器使用,不过处理二进制数据和处理 ASCII 有所不同,存储在 SQL Server 数据库中的数据并不像字符数据那样能看到,此外,在将数据发送到 SQL Server 前,还需要对数据进行一些特殊的处理,例如使用字节数组。

【理论指导】

Tip8. 二进制大对象(BLOB,Binary Large Object):是一个可以存储二进制文件的容器。二进制大对象可以通过 BLOB 类型存入数据库,如果文本对象过大,超出了文本类型的规定长度,则必须用 BLOB 字段进行存储。典型的 BLOB 是一张图片或一个声音文件。

Tip9. 分层存储(Tiered Storage):也称为层级存储管理(Hierarchical Storage Management),广义上讲,就是将数据存储在不同层级的介质中,并在不同的介质之间进行自动或者手动的数据迁移、复制等操作。

Tip10. 别名(Alias):也称为同义词。用于为数据库对象定义另一个名称,可以为以下三种数据库对象创建别名:表、视图和用户自定义的方法。

第八章 建造多媒体数据库

【参阅文献】

Tip11. 有关 SQL Server 上大对象数据不同的存储方式比较，可以参阅以下链接，以考虑更多选择：https://msdn.microsoft.com/zh-cn/library/bb895234.aspx。

Tip12. 本文仅介绍了使用 JDBC 访问 SQL Server 2008 数据库中的 BLOB 对象，进一步了解使用 VC ++、Java 访问和存储 BLOB 数据对象的详细教程和其他方法，以下资源可以作为阅读参考：①段群. 基于 VC 存取 SQL Server 中 BLOB 数据的方法[J]. 咸阳师范学院学报，2010，25(6)：43－45；②www.chinaitlab.com/c/vc/778324.html；③《MLDN 李兴华 Java 开发实战经典》第十七章。

Tip13. 有关 VC ++ 和 Java 读写二进制文件，可以分别参考 http://www.cnblogs.com/greatverve/archive/2012/10/29/cpp-io-binary.html 和 http://www.open-open.com/lib/view/open1414743008153.html；以二进制打开查看和编辑文件，可以使用 UltraEdit、Binary Viewer 和 Hex Editor 等工具。

实验八：多媒体数据的存取

一、实验目的

1. 在 SQL Server 查询分析器中创建包含多媒体数据字段的表，并向表中存入数据。
2. 至少掌握使用一种程序语言访问包含多媒体数据字段的表的数据库。

二、实验任务

1. 创建包含多媒体数据字段的表，并向表中存入数据。

打开数据库 SQL Server 2008 的查询分析器，用 SQL 语言实现以下语句的功能。并通过实验结果验证查询语言的正确性，将每个 SQL 语言及查询结果截图保存，作为实验报告上交，以备老师检查。

（1）在 AdventureWorks 数据库中创建表 EmployeeProfile，包含以下字段：ID（Employee 表中的 ID 作为该属性的外键）、Photo（该字段存储员工的小照片）。

（2）向表 EmployeeProfile 中输入一条数据记录，向 Photo 字段输入一张占用空间小于 8KB 的 JPG 图片。

2. 掌握使用一种程序语言访问 1 中建立的 EmployeeProfile 表。

使用程序语言实现将 EmployeeProfile 表中的 Photo 数据作为 JPG 图片保存到本地，图片用 ID 命名，后缀为 JPG，查看保存到本地的图片和存入数据库前的图片有何不同。

第九章 数据仓库与数据挖掘

对原始数据进行处理,可向决策者提取有价值的信息;而对大量历史数据进行统计分析和数据挖掘,可以获得更有价值的商业规律和决策知识,以便更好地辅助决策和进行战略分析。数据仓库和数据挖掘正是为了构建这种决策分析环境而出现的新型数据存储、组织和处理技术。在很多场合,数据仓库系统也被称为决策支持系统;数据挖掘一般建立在数据仓库之上,用于分析数据仓库中的大量历史数据,以提取潜在有用的信息和知识。

本章以 Microsoft SQL Server 2008 和 SQL Server Business Intelligence Development Studio 为例,简要介绍数据仓库和数据挖掘环境的构建方法。

9.1 创建数据仓库

创建数据仓库主要包括事实表和维度表的创建以及数据的导入。维度表可看作用户分析数据的窗口,而事实表是各个维度的交点,包含对用户关心事件的度量。常用的数据仓库模式包括星形模式、雪花模式以及星座模式[7,16]。

下面以星形模式为例,介绍数据仓库的构建过程。星形模式包括一个事实表和一组以事实表为中心的维度表。每个维度表有一个主键,而事实表的主键就是维度表的主键的集合。

例 9-1 创建一个商品销售的数据仓库,该数据仓库包含两个维度表和一个事实表,是一个星型模式的数据仓库。

数据仓库的创建过程如下所示:

(1)首先创建一个新的数据库(参见本书第二章 2.2.1 或 2.3.1 小节),将该数据库命名为新的数据仓库。

(2)在数据仓库中创建三张表,分别作为时间维度表、商品维度表和销售事实表,表的创建过程参见本书第二章 2.2.2 或 2.3.2 小节。

① 设计时间维度表,其结构如图 9.1 所示。
② 设计商品维度表,其结构如图 9.2 所示。
③ 设计一个销售事实表,对应的销售事实表结构如图 9.3 所示。

(3)完成了维度表与事实表的构建后,就可以分别导入上述三张表中的数据,数据导入工作可参照本书第二章 2.2.3 或 2.3.5 小节的数据导入方法实现。

Column Name	Data Type	Allow Nulls
Date_key	int	□
年份	char(4)	☑
季度	int	☑
月份	int	☑
日期	datetime	☑

图 9.1　时间维度表结构

Column Name	Data Type	Allow Nulls
Product_key	int	□
分类	char(10)	☑
子类	nchar(10)	☑
品牌	nchar(10)	☑
型号	nchar(10)	☑
单价	float	☑

图 9.2　商品维度表结构

Column Name	Data Type	Allow Nulls
Data_key	int	☑
Product_key	int	☑
数量	int	☑
金额	float	☑

图 9.3　销售事实表结构

9.2　导入已有的数据仓库

除了自己创建数据仓库外，还可以利用已有的数据仓库。Microsoft SQL Server 2008 带有一个示例数据仓库 AdventureWorksDW2012，通过如下例子，可以导入示例数据仓库 AdventureWorksDW2012。

例 9-2　导入示例数据仓库 AdventureWorksDW2012。

导入数据仓库 AdventureWorksDW2012 的主要步骤如下：

［1］在 Microsoft SQL Server 2008 官方网站下载 AdventureWorksDW2012；

［2］参照第一章的数据库附加方法（参见 1.3 节），将下载文件导入 SQL Server Management Studio 中；

［3］在 SQL Server Management Studio 中，可看到数据仓库 AdventureWorksDW2012 包含的各维度表和事实表，如图 9.4 所示，视图如图 9.5 所示。

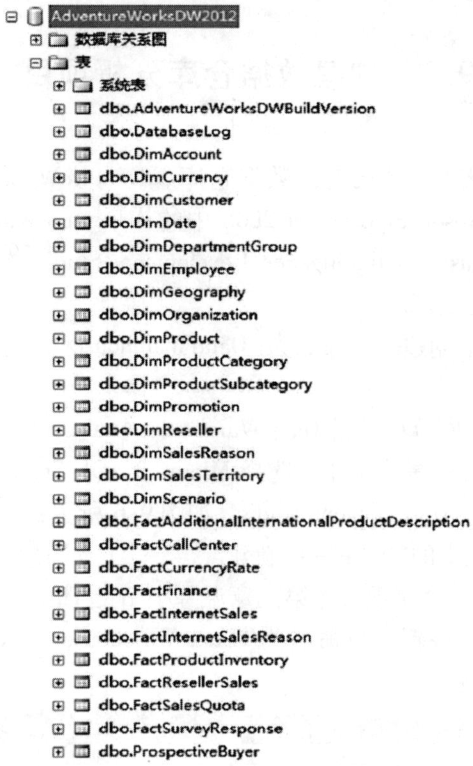

```
AdventureWorksDW2012
  数据库关系图
  表
    系统表
    dbo.AdventureWorksDWBuildVersion
    dbo.DatabaseLog
    dbo.DimAccount
    dbo.DimCurrency
    dbo.DimCustomer
    dbo.DimDate
    dbo.DimDepartmentGroup
    dbo.DimEmployee
    dbo.DimGeography
    dbo.DimOrganization
    dbo.DimProduct
    dbo.DimProductCategory
    dbo.DimProductSubcategory
    dbo.DimPromotion
    dbo.DimReseller
    dbo.DimSalesReason
    dbo.DimSalesTerritory
    dbo.DimScenario
    dbo.FactAdditionalInternationalProductDescription
    dbo.FactCallCenter
    dbo.FactCurrencyRate
    dbo.FactFinance
    dbo.FactInternetSales
    dbo.FactInternetSalesReason
    dbo.FactProductInventory
    dbo.FactResellerSales
    dbo.FactSalesQuota
    dbo.FactSurveyResponse
    dbo.ProspectiveBuyer
```

图 9.4　AdventureWorksDW2012 的维度表和事实表

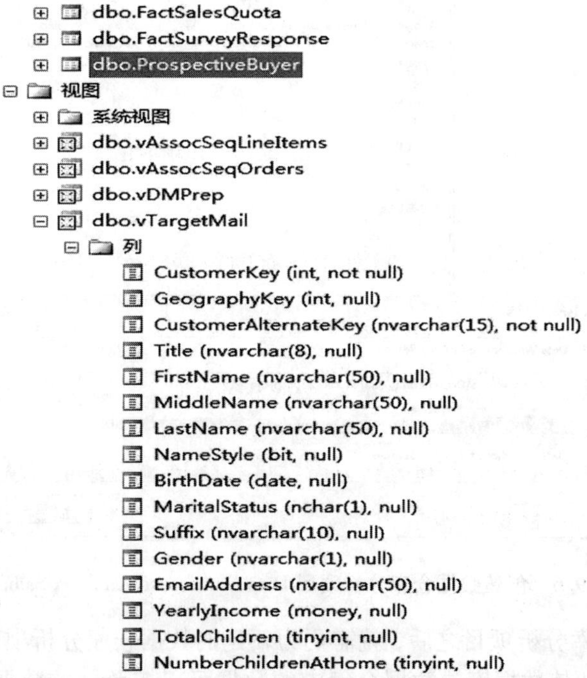

```
    dbo.FactSalesQuota
    dbo.FactSurveyResponse
    dbo.ProspectiveBuyer
视图
  系统视图
  dbo.vAssocSeqLineItems
  dbo.vAssocSeqOrders
  dbo.vDMPrep
  dbo.vTargetMail
    列
      CustomerKey (int, not null)
      GeographyKey (int, null)
      CustomerAlternateKey (nvarchar(15), not null)
      Title (nvarchar(8), null)
      FirstName (nvarchar(50), null)
      MiddleName (nvarchar(50), null)
      LastName (nvarchar(50), null)
      NameStyle (bit, null)
      BirthDate (date, null)
      MaritalStatus (nchar(1), null)
      Suffix (nvarchar(10), null)
      Gender (nvarchar(1), null)
      EmailAddress (nvarchar(50), null)
      YearlyIncome (money, null)
      TotalChildren (tinyint, null)
      NumberChildrenAtHome (tinyint, null)
```

图 9.5　AdventureWorksDW2012 的视图

9.3 创建数据仓库分析项目

上一节介绍了怎样导入一个已有的数据仓库 AdventureWorksDW2012。本节通过一个实例,说明怎样在 Microsoft SQL Server 2008 中的 AdventureWorksDW2012 数据仓库基础上,使用 SQL Server Business Intelligence Development Studio 构建数据仓库分析项目,用以支持数据挖掘功能的实现。

例 9-3 接例 9-2,创建一个命名为"Data Warehouse Analysis Sample"的数据仓库分析项目。

创建一个新的数据仓库分析项目 Data Warehouse Analysis Sample 的主要步骤如下:

[1] 在资源管理器的程序菜单中,选择 Microsoft SQL Server 2008 R2,再选中 SQL Server Business Intelligence Development Studio,如图 9.6 所示;

[2] 依次点击菜单栏中的"文件"→"新建..."→"工程"命令,选择"商业智能项目"中的"Analysis Services"(注意事项参考第九章温馨小贴士 Tip1);

[3] 在"名称"框中,将新项目命名为"Data Warehouse Analysis Sample",单击"确定"按钮,完成项目的创建。

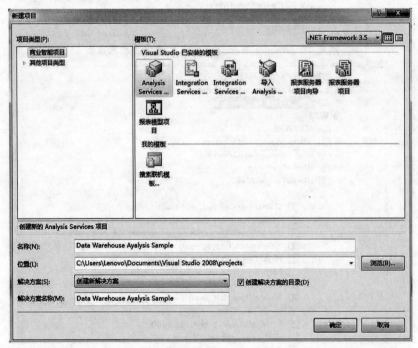

图 9.6 创建数据仓库分析项目 Data Warehouse Analysis Sample

创建了数据仓库分析项目之后,就需要为新建的数据仓库分析项目定义数据源和创建数据源视图,以便使数据库或数据仓库中的数据可以按照新的数据仓库的结构设计,导入新的数据仓库中。

9.4 定义数据源

新建的数据仓库需要定义数据源和数据视图，用户已定义的数据仓库和数据库，均可成为新数据仓库的数据源。

例 9-4 接例 9-3，将数据仓库分析项目 Data Warehouse Analysis Sample 的数据源定义为 Microsoft SQL Server 2008 中的 AdventureWorksDW2012。

为数据仓库分析项目 Data Warehouse Analysis Sample 定义数据源的主要步骤如下所示：

［1］右击"解决方案资源管理器"中的"数据源"节点，并选择"新建数据源"命令；
［2］进入"数据源向导"对话框，单击"下一步"按钮；
［3］进入"选择如何定义连接"对话框，单击"新建"按钮；
［4］进入"连接管理器"对话框，在"服务器名"下拉框中选择本机服务器名，即"LENOVO–PC"；在"数据库"下拉框中选择"AdventureWorksDW2012"，如图 9.7 所示；
［5］单击"确定"按钮，返回"数据源向导"对话框；
［6］单击"完成"按钮，即完成数据源的定义。

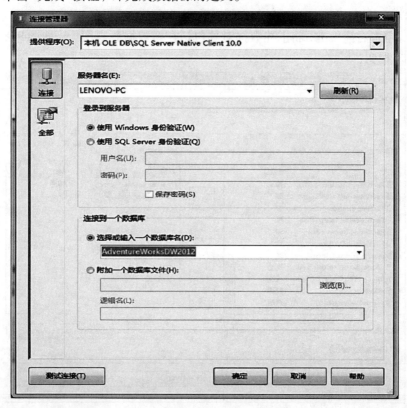

图 9.7 "连接管理器"对话框

9.5 创建数据源视图

数据源视图用来定义来自数据源的数据对象，本节通过一个实例说明如何创建数据源视图。

例9-5 接例9-4，为数据仓库分析项目"Data Warehouse Analysis Sample"定义一个命名为"TargetedMailing"的数据源视图，使该视图包含预期自行车购买者的表（ProspectiveBuyer）和以前自行车购买者的历史数据视图（vTargetMail）。

创建数据源视图 TargetedMailing 的主要步骤如下：

［1］在"解决方案资源管理器"中，右键单击"数据源视图"并选择"新建数据源视图"；

［2］进入"欢迎使用数据源视图向导"对话框中，单击"下一步"按钮；

［3］在"选择数据源"对话框的"关系数据源"下方，选择在上个任务中创建的 AdventureWorksDW2012 数据源，单击"下一步"按钮；

［4］在"选择表和视图"页上，选择如下所示两列对象：

- ProspectiveBuyer(dbo) - 预期自行车购买者的表
- vTargetMail(dbo) - 有关以前自行车购买者的历史数据的视图

然后，单击右箭头键，将上述数据对象包括在新数据源视图中，如图9.8所示，单击"下一步"按钮；

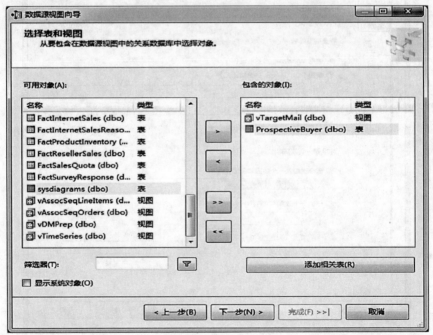

图9.8 "数据源视图向导"对话框

[5] 在"完成向导"页中，系统默认将数据源视图命名为 AdventureWorksDW2012；将该默认名称更改为"TargetedMailing"，然后单击"完成"按钮，新数据源视图随即在"TargetedMailing.dsv[设计]"选项卡中打开，即完成了创建数据源视图的操作。

9.6 创建数据挖掘结构

在 SQL Server 中，数据挖掘结构定义了生成数据挖掘模型时所要依据的数据。挖掘结构指定了源数据视图、列的数量和类型，以及分为训练集和测试集的可选分区。一个数据挖掘结构可以支持同一数据论域的多个数据挖掘模型。数据挖掘模型是用于实现数据挖掘功能的工具，按照功能的不同可分为四大类：关联分析、分类与预测、聚类以及异常值检测模型。常用的决策树、神经网络等，都是典型的数据挖掘分类与预测模型。

有关数据挖掘结构（简称挖掘结构）、数据源和数据挖掘模型（简称模型或挖掘模型）之间的关系，参见第九章温馨小贴士 Tip2。本节通过一个实例说明如何创建挖掘结构。

例 9-6 接例 9-5，为数据仓库 Data Warehouse Analysis Sample 项目创建一个命名为"vTargetMail"的数据挖掘结构和名为"vTargetMail"的挖掘模型，用于构建一个满足如下条件的决策树分类模型：① 选择 vTargetMail 表中的 Age、CommuteDistance、EnglishEducation、EnglishOccupation、Gender、GeographyKey、HouseOwnerFlag、MaritalStatus、NumberCarsOwned、NumberChildrenAtHome、Region、TotalChildren、YearlyIncome 列作为输入；②选中 ProspectiveBuyer 表中的 BikeBuyer 作为预测列（即分类属性）；③要求全部数据作为训练样本集；④最大测试样本数为1000。

创建挖掘结构 vTargetMail 和挖掘模型 vTargetMail 的主要步骤如下所示：

[1] 在"解决方案资源管理器"中，右键单击"挖掘结构"并选择"新建挖掘结构"启动数据挖掘向导（创建挖掘结构的注意事项，参见第九章温馨小贴士 Tip4）；

[2] 在"欢迎使用数据挖掘向导"对话框上，单击"下一步"按钮；

[3] 在"选择定义方法"对话框上，确保已选中"从现有关系数据库或数据仓库"，再单击"下一步"按钮；

[4] 在"创建数据挖掘结构"页的"您要使用何种数据挖掘技术？"下，选择"Microsoft 决策树"，单击"下一步"按钮；

[5] 在"选择数据源视图"对话框上的"可用数据源视图"窗格中，选择 TargetedMailing；可单击"浏览"查看数据源视图中的各表，然后单击"关闭"返回该向导；

[6] 单击"下一步"按钮，在"指定表类型"对话框上，选中 vTargetMail 的"事例"列中的复选框，以将其作为数据挖掘的事例表（即训练数据），然后单击"下一步"按钮；

[7] 在"指定定型数据"对话框上，选中 BikeBuyer 行中的"可预测"列中的复选框；

[8] 确认在 CustomerKey 行中已选中"键"列中的复选框；

[9] 选中以下行中"输入"列中的复选框：

- Age
- CommuteDistance
- EnglishEducation
- ？4？EnglishOccupation
- Gender
- GeographyKey
- HouseOwnerFlag
- MaritalStatus
- NumberCarsOwned
- NumberChildrenAtHome
- Region
- TotalChildren
- YearlyIncome

在该页的最左侧的列中，选中以下行中的复选框：

- AddressLine1
- AddressLine2
- DateFirstPurchase
- EmailAddress
- FirstName
- LastName

确保这些行仅选择了左侧列中的复选标记，这些列将添加到结构中，但不会包含在模型中，如图9.9所示，单击"下一步"按钮；

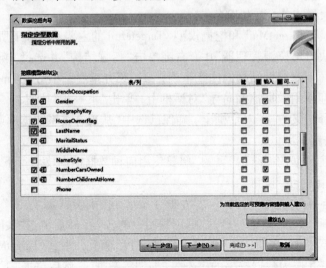

图9.9 "指定定型数据"对话框

[10] 进入"指定列的内容和数据类型"，这里可以无需修改，如图9.10所示，单击

"下一步"按钮;

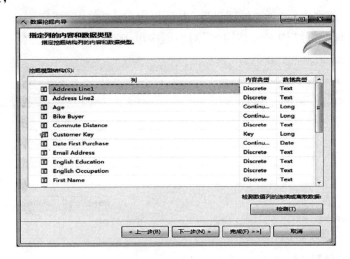

图9.10 "指定列的内容和数据类型"对话框

[11] 进入"创建测试集"对话框,将"测试数据百分比"设置为0;

[12] 对于"测试数据集中的最大事例数(即最大测试样本数)",输入1000,单击"下一步"按钮;

[13] 单击"完成"按钮,即完成默认名为"vTargetMail"的挖掘结构以及名为"vTargetMail"的挖掘模型的创建。

9.7 部署项目

部署项目是指定义该项目中按顺序执行的多个操作,即将该项目发送到服务器并在该服务器上创建项目所需的各类对象。部署项目完成后即可处理数据挖掘结构,这里的处理数据挖掘结构是指按照部署项目建立的各类对象,用来自关系数据源的数据填充这些 Analysis Services 对象,然后生成数据挖掘模型的过程。在 SQL Server Business Intelligence Development Studio 中,部署与处理工作可同时完成。经过部署和处理即可生成挖掘模型。本节通过一个实例,说明部署并处理上一节构建的数据挖掘结构以及结构中挖掘模型的步骤。

例9-7 接例9-6,部署并处理数据挖掘结构 vTargetMail 中的 vTargetMail 模型。

部署挖掘结构 vTargetMail 中的 vTargetMail 模型的主要步骤如下所示:

[1] 在"挖掘模型"菜单上选择"处理挖掘结构和所有模型",如果更改了结构,系统将提示在处理模型之前生成和部署项目,单击"是"按钮;

[2] 在"处理挖掘结构-vTargetMail"对话框中单击"运行"按钮,如图9.11所示;

[3] "处理进度"对话框将打开以显示有关模型处理的详细信息;模型处理可能需要一些时间,具体的响应时间取决于计算机效率(创建挖掘模型的注意事项,参见第九章

温馨小贴士 Tip2）；

　　[4] 模型处理完成后，在"处理进度"对话框中单击"关闭"按钮；

　　[5] 在"处理挖掘结构－＜结构＞"对话框中单击"关闭"按钮。

图 9.11　部署项目

部署并处理挖掘模型完成后，可通过下一节的"浏览模型"查看生成的决策树模型。

9.8　浏览数据挖掘模型

　　完成部署与处理操作后，数据挖掘模型就已经生成。在"数据挖掘设计器"中，即可浏览所建立的数据挖掘模型，本节通过一个决策树实例说明如何浏览数据挖掘模型。

　　例 9-8　接例 9-7，浏览 vTargetMail 挖掘模型，并查看决策树模型中满足条件"Age ＞=59 且＜91"的决策树节点。

　　浏览数据挖掘模型 vTargetMail 的主要步骤如下所示：

　　[1] 在"数据挖掘设计器"中，选择"挖掘模型查看器"选项卡，默认情况下，设计器将打开添加到结构中的第一个模型（在本例中为 vTargetMail）；

　　[2] 使用放大镜按钮调整树的显示大小；默认情况下，Microsoft 树查看器仅显示树的前三个级别；如果树级别不到三个，则查看器仅显示现有级别；可以使用"显示级别"滑块或"默认扩展"列表查看更多级别，如图 9.12 所示；

　　[3] 将"显示级别"滑到第三条；

［4］单击"Age＞＝59 且＜91"的节点；该节点又分枝出其它三个节点，需要说明的是这里使用的决策树算法可以重复利用一个属性进行分分枝。如果需要观察根节点的情况，则需要将显示级别提到更高。

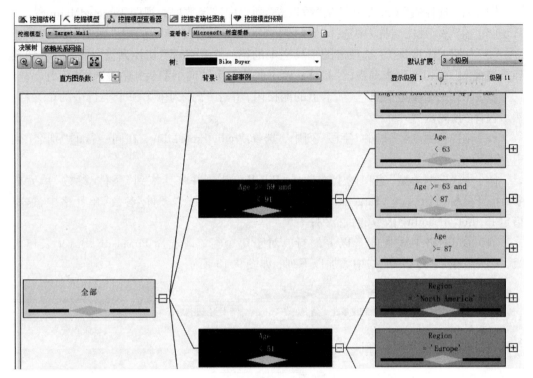

图 9.12 浏览挖掘模型

9.9 分类预测

生成了决策树模型就完成了数据挖掘中最核心的部分，这意味着从来自数据源的大量训练数据中已经归纳出数据中蕴含的规律（即数据挖掘模型）。利用这些规律知识就可以对新的样例进行分类预测。在数据分析项目中，想要对所有样例的预测结果进行显示则需要创建基于该分类模型的分类预测。显示分类预测时不仅可以显示挖掘模型内的信息（即用于分类的信息），还可以显示挖掘模型以外的信息（与分类无关的其他信息，如姓名）。本节通过一个实例说明如何进行分类预测。

例 9-9 接例 9-8，选择前面章节已经创建的数据挖掘结构 vTargetMail 中的 vTargetMail 模型，并在此基础上进行分类预测。该分类预测不仅可以得到分类结果，还可以得到分类为该结果的概率或可信度。

创建基于挖掘模型的分类预测的主要步骤如下所示：

［1］在"数据挖掘设计器"的"挖掘模型预测"选项卡的"挖掘模型"框中，单击"选择模型"按钮；

［2］在"选择挖掘模型"对话框中，在树中导航到 vTargetMail 结构，展开该结构，选择 vTargetMail 模型，然后单击"确定"按钮；

［3］在"选择输入表"框中，单击"选择事例表"按钮；

［4］在"选择表"对话框中，从"数据源"列表中选择数据源视图 TargetedMailing；

［5］在"表/视图名称"中选择 ProspectiveBuyer(dbo) 表，然后单击"确定"按钮；

［6］"挖掘模型预测"选项卡的工具栏中的第一个按钮是"切换到设计视图"/"切换到结果视图"/"切换到查询视图"按钮；单击此按钮上的向下箭头，然后选择"设计"；

［7］在"挖掘模型预测"选项卡上的网格内，单击"源"列中第一个空行中的单元格，然后选择"预测函数"；

［8］在"预测函数"行的"字段"列中，选择 PredictProbability，在同一行的"别名"列中，键入"结果概率"；

［9］从"挖掘模型"窗口的上方选择［BikeBuyer］，并将其拖到"条件/参数"单元格中；松开鼠标按钮后，［vTargetMail］.［BikeBuyer］会显示在"条件/参数"单元格中，这将指定 PredictProbability 函数的目标列；

［10］向网格中添加四个以上的行。对于每个行，请选择 ProspectiveBuyer 表作为"源"，然后在"字段"单元格中添加以下列，如图 9.13 所示。

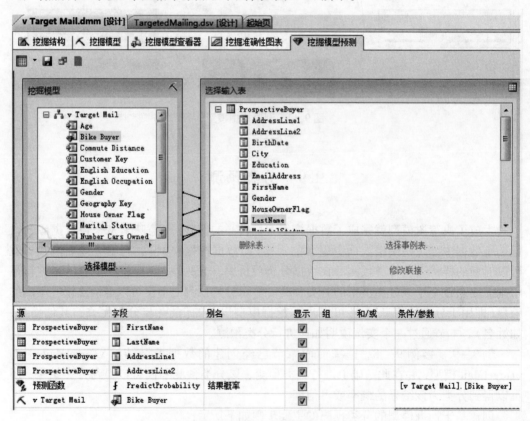

图 9.13 创建分类预测结构

- FirstName
- LastName
- AddressLine1
- AddressLine2

最后，运行查询并浏览结果，即可查看每个人的姓名、住址和是否买车的预测结果及其概率，如图9.14所示。

FirstName	LastName	AddressLine1	AddressLine2	结果概率	Bike Buyer
Adam	Alexander	566 S. Main		0.999945758...	0
Adrienne	Alonso	7264 St. Pe...		0.999945758...	1
Alfredo	Alvarez	8850 Via De...		0.999945758...	0
Arthur	Arun	7515 Royal		0.999945758...	0
Andrea	Bailey	2500 North		0.999945758...	1
Angel	Bell	840 Charlot...		0.999945758...	0
Anna	Bennett	312 Via Del...		0.999945758...	1
Alyssa	Bennett	25136 Jeffe...		0.999945758...	0
Arturo	Bhat	7040 Isabel...		0.999945758...	1
Abigail	Brown	4710 Northr...		0.999945758...	0
Abigail	Bryant	2639 Anchor...		0.999945758...	0
Angela	Bryant	6594 Jeffer...		0.999945758...	0
Alexandra	Butler	5967 W Las...		0.999945758...	0
Andrea	Carter	220 Rose An...	#103	0.999945758...	0
Adam	Carter	4082 Roslyn...		0.999945758...	1
Adrienne	Castro	5867 Sunris...		0.999945758...	0

图9.14　预测结果显示

温馨小贴士

【经验之谈】

Tip1. 在开始用定义的 Analysis Services 模型进行工作之前，必须对其进行处理。无论何时更改挖掘模型结构、更新定型数据、更改现有挖掘模型或在结构中添加挖掘模型，都必须重新处理挖掘模型。

Tip2. 数据挖掘结构、数据源和数据挖掘模型之间的关系如图 9.15 所示（引自参考文献[14]）。

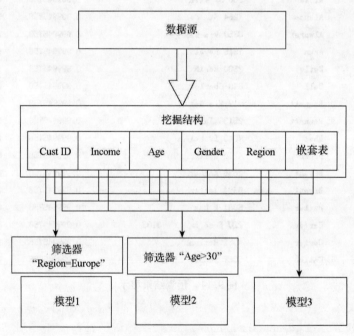

图 9.15 数据挖掘结构、数据源和数据挖掘模型之间的关系

Tip3. 可以一起处理所有相关模型的挖掘结构，也可以单独进行处理。在预期某些模型要用较长时间进行处理并且想要延迟该操作时，从各模型单独处理挖掘结构可能会很有用。

Tip4. 可以独立于关联的挖掘结构来处理挖掘模型，也可以与结构一起处理结构的所有模型。但在 SSMS 中，不能选择多个要与结构一起处理的挖掘模型。如果需要控制所处理的模型，必须单独选择这些模型，或者使用 DMX 连续处理多个模型，有关 DMX 的学习，可以参考 Tip12。

图 9.15 中的挖掘结构是基于包含多个表或视图的数据源，它们按 CustomerID 字段进行连接。一个表包含有关客户的信息，例如地理区域、年龄、收入和性别，而相关嵌

套表包含每个客户的多行其他相关信息，例如客户已购买的产品。此关系图显示根据一个挖掘结构可以生成多个模型，并且这些模型可以使用该结构中的不同列。

【理论指导】

Tip5. 数据仓库（Data Warehouse）：一个面向主题的、集成的、稳定的、随时间变化的数据的集合，以用于支持管理决策过程。

Tip6. 数据挖掘（Data Mining）：数据挖掘就是从大量的、不完全的、有噪声的、模糊的、随机的实际应用数据中，提取隐含在其中的、人们事先不知道的、但又是潜在有用的信息和知识的过程。这个定义包括好几层含义：数据源必须是真实的、大量的、含噪声的；发现的是用户感兴趣的知识；发现的知识要可接受、可理解、可运用；并不要求发现放之四海皆准的知识，仅支持特定的发现问题即可。

Tip7. 商业智能（Business Intelligence）：是指使用基于事实的决策支持系统，来改善业务决策的一套理论与方法。

Tip8. 多维数据集（Multi-Dimension Dataset）：多维数据集是联机分析处理（OLAP）中的主要对象，是一项可对数据仓库中的数据进行快速访问的技术。多维数据集是一个数据集合，通常从数据仓库的子集构造，并组织和汇总成一个由一组维度和度量值定义的多维结构。

【参阅文献】

Tip9. 本书仅示例了建立简单的数据仓库和数据挖掘示例的操作，有关 SQL Server 2008 建立数据仓库和使用数据挖掘的方法，可参阅以下文献：李春葆，李石君，李筱驰. 数据仓库与数据挖掘实践［M］. 北京：电子工业出版社，2011。

Tip10. 需要注意的是，用于数据挖掘的数据不必存储在联机分析处理（OLAP）多维数据集中，或者甚至不必存储在关系数据库中，但是用户可以将它们作为数据源使用。用户可以使用已被定义为 Analysis Services 数据源的任何数据源执行数据挖掘，这些数据源可以包括文本文件、Excel 工作簿或来自其他外部提供程序的数据。需进一步了解可参阅以下文献第二章：Jamie MacLennan，等. 数据挖掘原理与应用：SQL Server 2008 数据库［M］. 董艳，程文俊，译. 北京：清华大学出版社，2010。

Tip11. 有关 DMX 的操作，可参阅以下文献第三章：Jamie MacLennan，等. 数据挖掘原理与应用：SQL Server 2008 数据库［M］. 董艳，程文俊，译. 北京：清华大学出版社，2010。

实验九：基于数据仓库的数据挖掘

一、实验目的

1. 学会使用 SQL Server Business Intelligence Development Studio 创建挖掘结构。

2. 学会使用 SQL Server Business Intelligence Development Studio 浏览数据挖掘模型。

3. 学会使用 SQL Server Business Intelligence Development Studio 为模型创建预测，以及学会分析模型的预测效果。

1. 学会使用 SQL Server Business Intelligence Development Studio 创建新 Analysis Service 项目、定义数据源、定义数据源视图、创建维度以及多维数据集等操作。

2. 学会使用 SQL Server Business Intelligence Development Studio 创建维表的层次结构。

3. 学会使用 SQL Server Business Intelligence Development Studio 部署和浏览多维数据集，以及使用不同层次的维度进行信息查询。

二、实验任务

1. 新建 Analysis Service 项目、定义数据源、定义数据源视图、创建用于邮件聚类的挖掘结构。

（1）在 SQL Server Management Studio 中附加"AdventureWorksDW2012"示例数据库，新建 Analysis Service 项目，并以"AdventureWorksDW2012"作为数据源，并建立数据源视图。

（2）创建用于邮件聚类的挖掘结构。

2. 使用 SQL Server Business Intelligence Development Studio 创建的 Anylysis Service 项目进行数据的聚类挖掘算法实现。

（1）部署并浏览该项目。

（2）进行聚类算法，调整参数，得出不同的聚类结果。

第十章 数据分析与 OLAP 技术

本章主要讨论数据库中数据的分析应用。以 Microsoft SQL Server 2008 的 Business Intelligence Development Studio 为例,说明数据分析技术和联机分析技术。

本章将重点学习如何使用数据立方体对 n 维数据建模形成多维数据集,以及如何使用建好的多维数据集对数据进行不同维度的分析。

10.1 数据分析的基本技巧

随着大数据时代的来临,人们的日常生活和工作,时时处处都充满了数据。数据库就像是一个聚宝盆,聚集着丰富的事实和知识。然而,只有熟谙数据分析技术的高手才能将原始数据转变成有价值的支持证据和决策知识,揭示事物的本质规律。

本节简要介绍一些常用的数据分析技巧,并说明如何进行数据分析。

1. 寻找优化点

人们的生活总是在追求更高的目标。例如,利润、金钱、效率、速度等,总是多多益善;而成本、出错率、次品等,则是越少越好。通过数据分析工具找出优化点,能够帮助我们调整决策变量,寻求解决现实问题的方案。

使用数据分析工具寻找数据库中不同变量的优化点,将有利于决策者最大限度地追求目标。例如,工厂可通过产品销售数据,分析哪些产品的利润最大、不同产品在不同月份的最大销售量等问题,从而调整生产计划,使工厂获取的利润最大化。

常用的数据分析工具包括 Microsoft SQL Server 2008 的 Reporting Services、R、Excel 分析工具 Toolpak 等。

2. 图形表示的数据更有利于思考

决策分析的根本在于对比分析,而数据图形化的重要目的在于正确比较。关系数据库中的表格绝非是分析数据的理想工具,而五彩缤纷的各类图形却是对比分析的绝佳手段。

常用的数据分析图形包括饼图、直方图、散点图、折线图等。例如,商店将某月不同品牌的化妆品销售量显示成直方图,就能直观地了解最畅销的化妆品品牌和最滞销的产品,这将有利于制定未来商店的经营策略。

目前的数据库管理系统一般都带有数据可视化报告工具。例如,Microsoft SQL Server 2008 的 Reporting Services、MATlab、R、Excel 分析工具 Toolpak 等。

3. 利用数据挖掘技术发现数据中的规律

海量的历史数据通常蕴含大量的规律性知识。如何通过数据挖掘工具帮助决策者发现决策所需要的知识，是数据库系统应用的关键技术之一。例如，从大量药物治疗病历中，发现治疗某类疾病的最佳治疗方案、各类药物的疗效和副作用等。

常用的数据挖掘技术包括统计分析、关联规则挖掘、分类、聚类、离群点检测等。目前的数据库管理系统一般都带有数据挖掘工具，例如，Microsoft SQL Server 2008 的 Business Intelligence Development Studio。其他的知识发现和数据挖掘工具也具有与数据库的接口，例如 Weka、SPSS、IBM Intelligent Miner。

4. 根据历史数据建立预测模型

很多的决策问题是面向未来的，如何通过历史数据的分析或学习，归纳出预测模型，帮助决策者判断未来的发展趋势，对辅助决策是至关重要的。例如，银行系统在信用卡审查中对持有人信用的预测，就可以通过归纳分析历史数据，构建信用预测模型来实现。

现在的数据库管理系统不仅能够存储当前的实时数据，也提供了存储历史数据的数据仓库构建能力，以及多维数据建模与分析能力。例如，Microsoft SQL Server 2008 的 Business Intelligence Development Studio。

除了使用数据库管理系统自带的数据挖掘工具外，也可与其他的知识发现工具配套使用，如 Weka、SPSS、IBM Intelligent Miner 等。

10.2 创建数据分析项目

本节主要介绍如何使用 SQL Server 的商业智能项目开发工具 Business Intelligence Development Studio 来创建数据分析项目。

例 10-1 创建一个命名为"OLAP_Sample"的商业智能项目，以便进行数据分析。

创建"OLAP_Sample"商业智能项目的主要步骤如下：

［1］在程序菜单中选择 Microsoft SQL Server 2008 R2 文件夹下的 SQL Server Business Intelligence Development Studio；

［2］依次点击"文件"→"新建…"→"工程"，创建一个新项目；

［3］在如图 10.1 所示的新建项目窗口中，选择"商业智能项目"中的"Analysis Services"，并在"名称"框中，将新项目命名为"OLAP_Sample"，单击"确定"按钮，完成项目的创建。

建立了新的数据分析项目之后，就需要为该项目定义数据源，为数据分析定义数据接口。

第十章 数据分析与OLAP技术

图 10.1 创建 Analysis Services 项目

10.3 定义新的数据源

本节通过实例说明创建一个数据源的过程。数据源作为数据的接口，实际上是一个连接字符串，为接下来的数据分析提供了数据的位置，其作用类似于前面学过的 ODBC、JDBC 数据源。

例 10-2 接例 10-1，将"OLAP_Sample"项目的数据源定义为示例数据库"AdventureWorksDW2012"。

为"OLAP_Sample"项目定义数据源的主要步骤如下：

［1］右击"解决方案资源管理器"中的"数据源"节点，并选择"新建数据源"命令；
［2］进入"数据源向导"对话框，单击"下一步"按钮；
［3］进入"选择如何定义连接"对话框，单击"新建"按钮；
［4］进入"连接管理器"对话框，在"服务器名"下拉框中选择本机服务器名，即"LENOVO-PC"，在"数据库"下拉框中选择"AdventureWorksDW2012"，如图 10.2 所示；
［5］单击"确定"按钮，返回"数据源向导"对话框；
［6］单击"完成"按钮，即完成数据源的定义。

图 10.2 "连接管理器"对话框

10.4 创建数据源视图

本节主要介绍数据源视图的创建过程(该过程与第九章 9.4 节类似)。数据源视图主要显示了数据源中表和表之间的关系,并且可以在数据源视图中,对表和属性列进行注释、修改,甚至是添加表之间的关系。在数据源视图中进行的这些修改并不会影响源数据库,这些改变仅仅只存在于数据源视图中,也就是说,数据源视图为数据分析师提供了一个界面,使得数据分析师可以按照自己意愿来组织、浏览数据,而不必担心破坏了源数据库的结构。

例 10-3 接例 10-2,为"OLAP_Sample"项目定义数据源视图。

为"OLAP_Sample"项目创建数据源视图的主要步骤如下:

[1] 在"解决方案资源管理器"中,右键单击"数据源视图",并选择"新建数据源视图"命令;

[2] 进入"欢迎使用数据源视图向导"对话框,单击"下一步"按钮;

[3] 在"选择数据源"对话框的"关系数据源"下方,选择在例 10-2 中创建的"Adventure Works DW2012"数据源,然后单击"下一步"按钮;

[4] 在"选择表和视图"页上,选择如下所列对象:
- DimCustomer (dbo)
- DimDate (dbo)
- DimGeography (dbo)
- DimProduct (dbo)
- FactInternetSales (dbo)

然后单击右箭头按钮，将它们包括在新数据源视图中，如图 10.3 所示，单击"下一步"按钮；

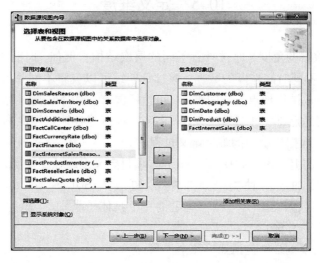

图 10.3 "数据源视图向导"对话框

[5] 在"完成向导"页中，系统默认将数据源视图命名为"Adventure Works DW2012"，即完成了创建数据源视图的操作，如图 10.4 所示。

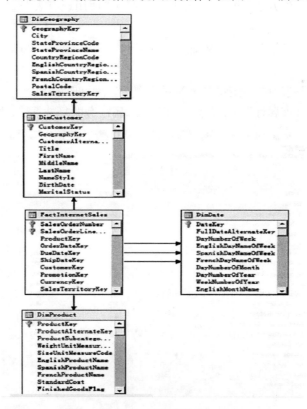

图 10.4 数据源视图

10.5　定义维度

维度是观察数据的角度，通常具有不同的层次结构。例如，时间维度可以包含年、季度、月份、天等不同时间粒度的数据，通过日期维可以观察不同月份、不同季度等各时间层次的销售额；销售地点是空间维度，可包括国家、省、市、销售点等不同空间粒度的数据，通过销售地点维，可以考察各国、各省、各市等各地点层次的销售情况。本节主要实例介绍多维数据模型中的维度定义过程。

例 10 – 4　接例 10 – 3，为"OLAP_Sample"项目定义多维数据模型，主要定义时间维度，并将时间维度的各属性类型从"常规"更改成 SQL Server Business Intelligence Development Studio 数据类型中"日期"类型的一个具体子类别（这里的"日期"指的就是和日期相关的概念的总称）。

定义多维数据模型维度包括如下几个步骤：

［1］在"解决方案资源管理器"中，右键单击"维度"文件夹，然后单击"新建维度"按钮，将显示维度向导；

［2］在"欢迎使用维度向导"页上，单击"下一步"按钮；

［3］在"选择创建方法"页上，验证是否选择了"使用现有表"选项，然后单击"下一步"按钮；

［4］在"指定源信息"页上，验证是否选择了"Adventure Works DW2012"数据源视图；

［5］在"主表"列表中，选择"DimDate"，单击"下一步"按钮；

［6］在"选择维度属性"页上，选中如下所示属性旁的复选框，如图 10.5 所示；

图 10.5　选择属性后的"维度向导"对话框

- Date Key
- Full Date Alternate Key
- English Month Name
- Calendar Quarter
- Calendar Year
- Calendar Semester

[7] 以 Date Key 为例，首先，单击该行"属性类型"列中的"常规"；其次，单击箭头展开选项；再次，单击"日期"→"日历"→"日期"（这里的第一个"日期"指的就是和日期相关的概念的总称，第二个"日期"才是我们通常所说的日期，即几月几日）；单击"确定"按钮。重复类似步骤更改下列属性的属性类型：

- "英文月份名称"的属性类型更改为"日期"→"日历"→"月份"；
- "日历季度"的属性类型更改为"日期"→"日历"→"季度"；
- "日历年"的属性类型更改为"日期"→"日历"→"年"；
- "日历半期"的属性类型更改为"日期"→"日历"→"半年"；

[8] 如图 10.6 所示，单击"下一步"按钮，并将该维度命名为"时间"；

图 10.6　改变属性类型后的"维度向导"对话框

[9] 在"完成向导"页的"预览"窗格中，可以看到"时间"维度及其属性；
[10] 单击"完成"按钮以完成维度的定义。

10.6 创建多维数据集

多维数据集是数据的一种多维结构,多维数据集由维度和度量值的集合进行定义。实际上可以先创建多维数据集再定义维度,而本章却是先定义的维度再创建多维数据集,具体原因参见第十章温馨小贴士 Tip1。本节通过实例说明多维数据集的构建方法。

例 10 – 5 接例 10 – 4,为"OLAP_Sample"项目定义多维数据集,以 InternetSales 作为度量值组表,并新增两个维度。

定义多维数据集 Adventure Works DW2012 的主要步骤如下:

[1] 在"解决方案资源管理器"中,右键单击"多维数据集",然后单击"新建多维数据集";
[2] 进入"多维数据集向导",在"欢迎使用多维数据集向导"页上,单击"下一步"按钮;
[3] 在"选择创建方法"页上,选中"使用现有表"选项,然后单击"下一步"按钮;
[4] 在"选择度量值组表"页上,选中"Adventure Works DW2012"数据源视图;
[5] 单击"建议",多维数据集向导将推荐适合创建度量值组的表,多维数据集向导会检查这些表并建议将"InternetSales"作为度量值组表;度量值组表(又称为事实数据表)包含感兴趣的度量值(如已销售的单位数);
[6] 单击"下一步"按钮,在"选择度量值"页上,查看在"InternetSales"度量值组中选择的度量值,然后清除如下所示度量值的复选框(默认情况下,该向导会选择将事实数据表中未链接到维度的所有数值列作为度量值,但这四列不是实际的度量值,前三列是将事实数据表与未在此多维数据集的初始版本中使用的维度表链接起来的键值),如图 10.7 所示,单击"下一步"按钮;

图 10.7 选择度量值后的"多维数据集向导"对话框

- Promotion Key
- Currency Key
- Sales Territory Key
- Revision Key

[7] 在"选择现有维度"页上,确保选择了以前创建的"时间"维度,然后单击"下一步"按钮;

[8] 在"选择新维度"页上,选择要创建的新维度,为此,请确认已选中"Customer""Territory"和"Product"复选框,然后清除 InternetSales 复选框,接着单击"下一步"按钮;

[9] 在"完成向导"页上,将多维数据集的名称保留为默认名"Adventure Works DW2012.cube";

[10] 单击"完成"按钮,以完成多维数据集的创建;

[11] 在"解决方案资源管理器"的"OLAP_Sample"项目中,Adventure Works DW2012.cube 多维数据集显示在"多维数据集"文件夹中,而"时间.dim""Dim Customer.dim"和"Dim Product.dim"维度则显示在"维度"文件夹中;

[12] 为了便于理解,右键单击"解决方案资源管理器"的"维度"文件夹中的"Dim Customer.dim",选择"重命名"命令,改为"客户.dim",将"Dim Product.dim"重命名为"产品.dim"(.dim 后缀名必须保留)。

创建多维数据集之后,可以查看多维数据集结构:双击"解决方案资源管理器"中"多维数据集"节点中的 Adventure Works DW2012 多维数据集,打开左侧的多维数据集设计器中的"多维数据集结构"界面,如图 10.8 所示,可以发现多维数据集中的维度与资源管理器中的维度并不完全对应,详细原因请参见第十章温馨小贴士 Tip2。

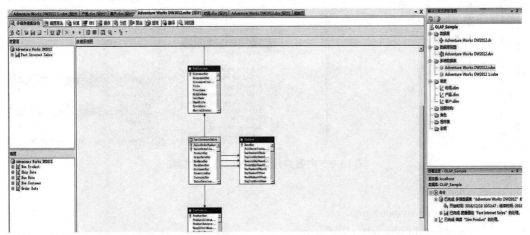

图 10.8 "Adventure Works DW2012"多维数据集结构

10.7 向维度添加属性

上一节在创建多维数据集的同时,还在"解决方案资源管理器"中新建了两个维度"客户.dim"和"产品.dim",现在向这两个维度添加属性。本节通过实例说明向维度添加属性的方法。

例 10-5 接例 10-4,向维度"客户.dim"添加客户所在地的相关属性,向维度"产品.dim"添加产品类别的相关属性,并为了便于理解,对属性进行重命名。

向客户和产品维度添加属性的主要步骤如下:

[1] 打开"客户.dim"维度的维度设计器。为此,请在"解决方案资源管理器"的"维度"节点中双击"客户.dim"维度;

[2] 将"数据源视图"窗格中"DimGeography"表中的以下各列拖到左侧"属性"窗格中,如图 10.9 所示:

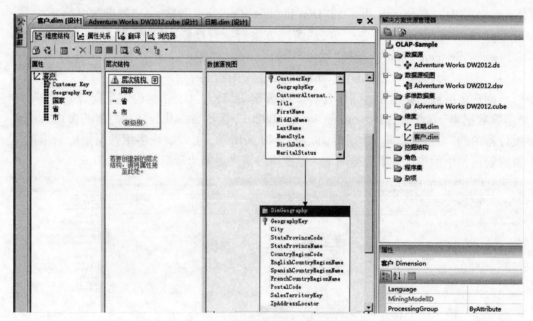

图 10.9 向客户维度添加属性后的结果

- City
- StateProvinceName
- EnglishCountryRegionName

[3] 右键单击"EnglishCountryRegionName",并选择"重命名",将该属性的名称更改为"国家";

[4] 同理,将"City"改名为"市",将"StateProvinceName"改名为"省";

[5] 打开"产品.dim"维度的维度设计器。为此,请在"解决方案资源管理器"的"维

度"节点中双击"客户.dim"维度；

[6]将"数据源视图"窗格中"DimProduct"表中的以下各列拖到左侧"属性"窗格中：
- ProductLine
- ModelName
- EnglishProductName

[7]对维度"产品.dim"中添加的属性进行重命名操作。将"ProductLine"重命名为"产品系列"，将"ModelName"重命名为"型号名称"，将"EnglishProductName"重命名为"产品名称"。

10.8 创建维度的层次结构

创建维度的层次结构就是对维度中的属性在概念上从高到低分层。本节介绍了维度的层次结构的构建方法。

例10-6 接例10-5，为"OLAP_Sample"项目的"时间.dim""客户.dim"和"产品.dim"这三个维度分别创建层次结构。

创建时间维度"时间.dim"的层次结构的主要步骤如下：

[1]将"Calendar Year"属性从"属性"窗格中拖动到"层次结构"窗格中；

[2]将"Calendar Semester"属性从"属性"窗格中拖动到位于"Calendar Year"级别下方的"层次结构"窗格的＜新级别＞单元格中；

[3]将"Calendar Quarter"属性从"属性"窗格中拖动到位于"Calendar Semester"级别下方的"层次结构"窗格的＜新级别＞单元格中；

[4]将"English Month Name"属性从"属性"窗格中拖动到位于"Calendar Quarter"级别下方的"层次结构"窗格的＜新级别＞单元格中；

[5]将"Full Date Alternate Key"属性从"属性"窗格中拖动到位于"English Month Name"级别下方的"层次结构"窗格的＜新级别＞单元格中；

[6]在"维度结构"选项卡的"层次结构"窗格中，右键单击"层次结构"的标题栏，选择"重命名"，并键入"日期"，由此完成时间维度表的层次结构的构建，如图10.10所示。

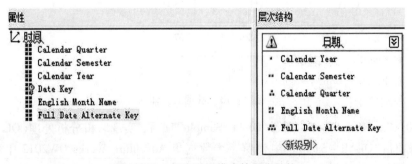

图10.10 创建时间维度的层次结构

按照类似的步骤可以创建客户维度的层次结构和产品维度的层次结构,并将它们的层次结构分别重命名为"客户所在地域"和"产品类别",如图 10.11 和图 10.12 所示。

图 10.11 客户维度的层次结构

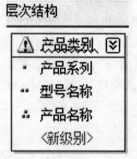
图 10.12 产品维度的层次结构

10.9 部署与浏览

通过创建多维数据集和维度,并定义维度的层次结构,在理论上就可以构建多维数据模型数据立方体,如图 10.13 所示,但是 Business Intelligence Development Studio 工具里并不提供数据立方体的展示功能,而是通过部署项目并使用"浏览器"浏览的方式,实现对多维数据集中数据的查看和分析(数据立方体概念参考第十章温馨小贴士 Tip3)。

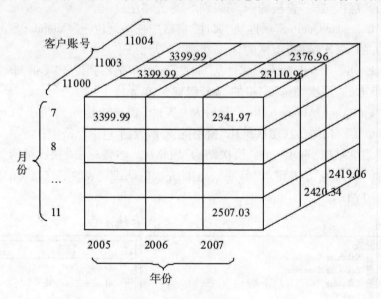

图 10.13 数据立方体

例 10-7 接例 10-6,部署"OLAP_Sample"项目,实现联机分析处理(OLAP)。

部署项目"OLAP-Sample"并浏览多维数据集 Adventure Works DW2012 中数据的主要步骤如下:

第十章 数据分析与OLAP技术

［1］在"解决方案资源管理器"中右击"OLAP-Sample",并选择"部署"命令；

［2］成功后提示"部署成功完成"信息；

［3］在"解决方案资源管理器"中右击多维数据集"Adventure Works DW2012.cube",并选择"浏览"命令,即可进行多维分析；

［4］单击界面左侧的度量值组窗格中的 Adventure Works DW2012 文件夹,依次展开"Measures"和"Fact Internet Sales",然后将"Sales Amout"度量值拖到"数据"窗格的"将汇总或明细字段拖至此处"区域；

［5］展开 Adventure Works DW2012 文件夹中的"Dim Customer",将"顾客所在地域"层次结构拖到该界面右侧的"将行字段拖至此处"区域；

［6］展开 Adventure Works DW2012 文件夹中的"Due Date",将"Due Date.Calendar Year"拖到该界面右侧的"将行字段拖至此处"区域；

［7］展开 Adventure Works DW2012 文件夹中的"Dim Product",也将"产品类别"层次结构拖到该界面右侧的"将列字段拖至此处"区域(Calendar Year 的右侧),结果如图10.14所示,与图10.13中立方体中的数据对应。

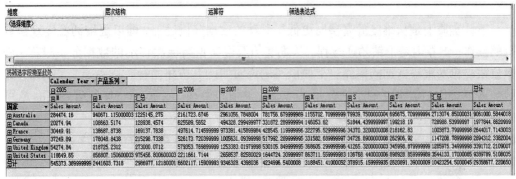

图 10.14 浏览结果

10.10 基本的联机分析处理操作

本节介绍 OLAP 的基本分析操作,包括切片(Slicing)、下钻(Drill Down)和上卷(Roll Up)等(切片、下钻和上卷等概念参考第十章温馨小贴士 Tip4)。

10.10.1 切片

切片操作实质上是一种基于数据立方体的选择操作,十分常用。下面以实例说明如何切片。

例 10-8　接例 10-7,对分析结果进行切片,仅显示 M 产品系列的销售情况。

［1］展开 Adventure Works DW2012 文件夹中的"Dim Product",将"产品系列"拖到该界面右侧的"将筛选器字段拖至此处"区域；

［2］单击"产品系列"右边的箭头,清除与"(全部)"级别相对应的复选框,仅保留

选择 M，单击"确定"按钮；

[3] 至此完成切片操作，分析结果中仅显示产品系列为 M 的销售情况，如图 10.15 所示。

产品系列 ▾								
M								
		Calendar Year ▾	产品系列 ▾	产品名称				
		⊟ 2005		⊞ 2006	⊞ 2007	⊟ 2008		总计
		⊞ M	汇总			⊞ M	汇总	
国家 ▾	省/市	Sales Amount	Sales Amount	Sales Amount	Sales Amount	Sales Amount	Sales Amount	Sales Amount
⊞ Australia		284474.16	284474.16	637263.838800001	1203499.76979999	781756.679999999	781756.679999989	2906994.44860026
⊞ Canada		20274.94	20274.94	73564.0224	246718.061999997	331872.289999994	331872.289999995	672429.314399978
⊞ France		30449.91	30449.91	101012.1124	357151.108399997	428545.119999996	428545.119999996	917158.25079999
⊞ Germany		37249.89	37249.89	113868.345	351983.803999997	517992.289999995	517992.289999995	1021094.32899999
⊞ United Kingdom		54274.84	54274.84	146718.2018	454451.514799995	530105.849999995	530105.849999995	1185550.40659999
⊞ United States		118649.65	118649.65	444166.209200001	1340416.60579998	1644724.30999997	1644724.30999997	3547956.77500056
总计		545373.389999999	545373.389999999	1516592.72959998	3954220.86480076	4234996.5400008	4234996.5400008	10251183.5244034

图 10.15 切片结果

10.10.2 下钻与上卷

下钻实质上是从维度的高层向更低层移动的数据分析过程，即以更细的粒度观察数据的操作；上卷则是下钻的逆过程，从维度的低层向更高层次移动的数据分析过程，即以更粗的粒度观察数据的操作。下面以实例说明如何下钻和上卷。

例 10-9 接例 10-8，对分析结果进行下钻和上卷，显示 Canada 各省、各市 M 产品系列的销售情况。

[1] 单击"Canada"左侧的加号，则可显示 Canada 各省的销售情况，这是从"国家"下钻到"省"，如图 10.16 所示；

[2] 继续单击 Canada 各省左侧的加号，则可显示 Canada 各省下各市的销售情况，这是从"省"下钻到"市"，如图 10.17 所示；

[3] 与之相反，单击 Canada 各省左侧的减号，则仅显示 Canada 各省的销售情况，恢复到如图 10.16 的显示结果，这是从"市"上卷到"省"；

[4] 继续单击 Canada 左侧的减号，则仅显示 Canada 的总体销售情况，恢复到图 10.15 的显示结果，这是从"省"上卷到"国家"。

产品系列 ▾									
M									
			Calendar Year ▾	产品系列 ▾	产品名称				
			⊟ 2005		⊞ 2006	⊞ 2007	⊟ 2008		总计
			⊞ M	汇总			⊞ M	汇总	
国家 ▾	省 ▾	市	Sales Amount	Sales Amount	Sales Amount	Sales Amount	Sales Amount	Sales Amount	Sales Amount
⊞ Australia			284474.16	284474.16	637263.838800001	1203499.76979999	781756.679999999	781756.679999989	2906994.44860026
⊟ Canada							2391.94	79.97	2471.91
	⊞ Alberta								
	⊞ British Columbia		20274.94	20274.94	73564.0224	244289.161999997	331792.319999994	331792.319999994	669920.444400001
	⊞ Ontario					36.96			36.96
	汇总		20274.94	20274.94	73564.0224	246718.061999997	331872.289999994	331872.289999994	672429.314399978
⊞ France			30449.91	30449.91	101012.1124	357151.108399997	428545.119999996	428545.119999996	917158.25079999
⊞ Germany			37249.89	37249.89	113868.345	351983.803999997	517992.289999995	517992.289999995	1021094.32899999
⊞ United Kingdom			54274.84	54274.84	146718.2018	454451.514799995	530105.849999995	530105.849999995	1185550.40659999
⊞ United States			118649.65	118649.65	444166.209200001	1340416.60579998	1644724.30999997	1644724.30999997	3547956.77500056
总计			545373.389999999	545373.389999999	1516592.72959998	3954220.86480076	4234996.5400008	4234996.5400008	10251183.5244034

图 10.16 Canada 各省的销售情况

第十章 数据分析与OLAP技术

产品系列			Calendar Year						总计
			2005		2006	2007	2008		
			田	汇总	田	田	田	汇总	
国家	省	市	Sales Amount	Sales Amount	Sales Amount	Sales Amount	Sales Amount	Sales Amount	Sales Amount
田Australia			284474.16	284474.16	637263.838800001	1203499.76979999	781756.679999989	781756.679999989	2906994.44860026
田Canada	田Alberta	Calgary				2391.94	79.97	79.97	2471.91
		汇总				2391.94	79.97	79.97	2471.91
	田British Columbia	Burnaby			2049.0982	1011.75	8029.69	8029.69	11090.5382
		Cliffside			6749.98	28205.0364000001	38770.34	38770.34	73725.3564000002
		Haney			3374.99	14218.4192	9465.03999999998	9465.03999999998	27058.4492000001
		Langford	3374.99	3374.99	4120.5178	20711.436	29375.39	29375.39	57582.3338
		Langley			6169.616	16402.8356	21252.53	21252.53	43824.9816
		Metchosin				13896.12	20220.4	20220.4	34116.52
		N.Vancouver			2071.4196	25303.7502	25169.6	25169.6	52544.7698
		Newton	3374.99	3374.99	3374.99	16373.8346	11362.3	11362.3	34466.1148000001
		Oak Bay	3374.99	3374.99	2071.4196	17738.9656	28818.68	28818.68	52004.0552
		Port Hammond	3399.99	3399.99		17131.966	36434.25	36434.25	56966.206
		Royal Oak	3374.99	3374.99	2071.4196	11550.1482	23236.55	23236.55	40233.1078
		Shawnee			6169.616	12971.5364	15677.94	15677.94	34819.0924000001
		Sooke			14320.4878	3999.04999999999	15958.25	15958.25	34277.7878000001
		Vancouver			10149.97	21611.3174	10195.22	10195.22	41956.5074
		Victoria				8117.54819999999	20107.4900000001	20107.4900000001	28225.0382000001
		Westminster	3374.99	3374.99	10870.4978	15045.4482	17718.65	17718.65	47009.586
		汇总	20274.94	20274.94	73564.0224	244289.161999997	331792.319999994	331792.319999994	669920.444400001
	田Ontario	Chalk Riber				36.96			36.96
		汇总				36.96			36.96
	汇总		20274.94	20274.94	73564.0224	246718.051999997	331872.289999994	331872.289999994	672429.314399978
田France			30449.91	30449.91	101012.1124	357151.108399997	428545.119999996	428545.119999996	917158.25079999
田Germany			37249.89	37249.89	113868.345	351983.803999997	517992.289999995	517992.289999995	1021094.32899999
田United Kingdom			54274.84	54274.84	146718.2018	454451.514799995	530105.849999995	530105.849999995	1185550.40659999
田United States			118649.65	118649.65	444166.209200001	1340416.60579998	1644724.30999997	1644724.30999997	3547956.77500056
总计			545373.389999999	545373.389999999	1516592.72959998	3954220.86480076	4234996.5400008	4234996.5400008	10251183.5244034

图10.17 Canada各市的销售情况

温馨小贴士

【经验之谈】

Tip1. 在一个商业智能项目中可以建立多个数据源视图和多个多维数据集,而在不同的多维数据集之间,维度可以共享。

Tip2. 尽管在数据库级别只创建了三个维度(如"解决方案资源管理器"所示),但在 Analysis Services Tutorial 多维数据集内却有五个多维数据集维度。该多维数据集包含的维度比数据库多,其原因是,根据事实数据表中与日期相关的不同事实数据,"日期"数据库维度被用来作为三个与日期相关的单独多维数据集维度的基础。这些与日期相关的维度也称为"角色扮演维度"。使用三个与日期相关的多维数据集维度,用户可以按照下列三个与每个产品销售相关的单独事实数据在多维数据集中组织维度:产品订单日期、履行订单的到期日期和订单发货日期。通过将一个数据库维度重复用于多个多维数据集维度,Analysis Services 简化了维度管理,降低了磁盘空间使用量,并减少了总体处理时间。

Tip3. 数据立方体是对多维数据存储的一种可视化展示,数据实际的物理存储与它的逻辑表示可以不同。用户可以根据自己需要修改要显示的各维名称,使其有更好的用户体验。

Tip4. OLAP 的基本操作包括对多维数据的切片、切块、旋转、上卷和下钻等。切片就是从多维立方体中的某一维选定取出子集的操作,如图 10.13 中取出最底层的九个"方块"即是通过 11 月进行切片。切块与切片类似,是对多维数据中的两个或两个以上维进行选择取出数据立方体的子集。旋转又叫转轴,是一种视图操作,可以改变报告或界面显示的维方向,如交换维的位置、把行列互换等。上卷是将数据通过维的概念分层向上归约。下钻是上卷的逆操作。

【理论指导】

Tip5. 数据源(Data Source):顾名思义,指的是提供某种所需要数据的器件或媒体。在数据源中存储了所有建立数据库连接的信息。就像通过指定文件名称可以在文件系统中找到文件一样,通过提供正确的数据源名称,也可以找到相应的数据库连接。

Tip6. 维度(Dimension):是多维数据集的结构性特性,在事实数据表中用来描述数据分类的组织层次结构(级别)。这些分类和级别描述了一些相似的成员集合,用户将基于这些成员集合进行分析。

Tip7. 数据源视图(Data Source View):是物理源数据库和分析维度与多维数据集之间的逻辑数据模型,即数据在客户端的一个抽象视图。

Tip8. OLAP(OnLine Analytical Processing,联机分析处理):OLAP 委员会给予 OLAP 的定义是使分析人员、管理人员或者执行人员能够从多个角度对信息进行快速、一致、交互的存取,从而获得对数据更深入了解的一类软件技术。一个良好的 OLAP 模型应该具有多维性、可理解性、灵活稳定的报表能力、交互性、快速性等特点。

【文献参阅】

Tip9. 使用 OLAP 技术进行数据分析,还有更多的操作和模型可以使用,更进一步的实例可以参阅以下文献第三章"OLAP 技术":李春葆,李石君,李筱驰. 数据仓库与数据挖掘实践[M]. 北京:电子工业出版社,2011。

Tip10. 数据立方体的更多介绍和优化技术,可以参考 CSDN 上的博客"数据挖掘概念与技术"学习笔记 5——数据立方体技术。

Tip11. 更多关于数据分析与 OLAP 的理论知识,可以参阅以下文献第四章"使用 SQL Server 进行数据挖掘"和第十三章"挖掘 OLAP 立方体":Jamie MacLennan 等. 数据挖掘原理与应用:SQL Server 2008 数据库[M]. 董艳,程文俊,译. 北京:清华大学出版社,2010。

实验十：多维数据集的建立与 OLAP

一、实验目的

1. 学会使用 SQL Server Business Intelligence Development Studio 创建新 Analysis Service 项目、定义数据源、定义数据源视图、创建维度和多维数据集等操作。

2. 学会使用 SQL Server Business Intelligence Development Studio 创建维度表的层次结构。

3. 学会使用 SQL Server Business Intelligence Development Studio 部署和浏览多维数据集，以及使用不同层次的维度进行信息查询。

二、实验任务

1. 新建 Analysis Service 项目、定义数据源、定义数据源视图、创建维度和多维数据集等操作。

（1）在 SQL Server Management Studio 中附加"AdventureWorksDW2012"示例数据库，新建 Analysis Service 项目，并以"AdventureWorksDW2012"作为数据源。

（2）创建客户的维度，定义客户地址维度的层次结构。

（3）定义基于该数据源、数据源视图和维度的多维数据集。

2. 使用 SQL Server Business Intelligence Development Studio 创建的 Analysis Service 项目部署多维数据集，并从不同层次的维度浏览数据。

（1）部署已经定义的多维数据集。

（2）从客户地址的不同层次浏览该数据集。

参考文献

[1] Avi Silberschatz, Henry F. Korth, S. Sudarshan. Database System Concepts, 6th edition, McGraw – Hill, May, 2010.

[2] Stephens Rod. Beginning Database Design Solutions, Wiley Publishing, Inc., Indianapolis, Indiana, 2009.

[3] Jeffrey L. Whitten, Lonnie D. Bentley, Kevin C. Dittman. 系统分析与设计方法:第6版[M]. 北京:机械工业出版社, 2004.

[4] Davidson, W. H. Beyond re – engineering: The three phases of business transformation. IBM Systems Journal 32（1）1993. （reprinted in 38（2&3）1999 pp. 485 – 499.）http://www.research.ibm.com/journal/sj/382/davidson.pdf.

[5] 李文峰, 李李, 吴观福. SQL Server 2008 数据库设计高级案例教程[M]. 北京:航空工业出版社, 2012.

[6] Hotek M. SQL Server 2008 实现与维护(MCTS 教程)[M]. 传思, 陆昌辉, 吴春华, 等译. 北京:清华大学出版社, 2011.

[7] Silberschatz A,等. 数据库系统概念:第6版[M]. 杨冬青, 李红燕, 唐世渭, 等译. 北京:机械工业出版社, 2012.

[8] 岳付强, 等. 零点起飞学 SQL Server[M]. 北京:清华大学出版社, 2013.

[9] 施伯乐, 丁宝康, 汪卫. 数据库系统教程:第3版[M]. 北京:高等教育出版社, 2008.

[10] 李春葆, 李石君, 李筱驰. 数据仓库与数据挖掘实践[M]. 北京:电子工业出版社, 2014.

[11] 封孝生, 胡升泽, 鲍翊平, 等. 软件开发技术[M]. 长沙:国防科技大学出版社, 2013.

[12] Witten I. H, Frank E, Hall M. A. 数据挖掘:实用机器学习工具与技术:第3版[M]. 李川, 等译. 北京:机械工业出版社, 2014.

[13] 数据库设计指南. CNET Networks Inc. From http:www.zdnet.com.cn/developer 2002.

[14] Microsoft MSDN Website: http://msdn.microsoft.com/zh – cn/library/ms143506.aspx.

[15] Ren'ee Miller. cscC43/343-Introduction to Databases. Slides From Department of Computer Science, University of Toronto, Winter 2008.

[16] Silberschatz, Korth and Sudarshan. Database System Concepts, 6th Ed. From:www.db-book.com. 2011.

附录一：数据库设计 60 个技巧

如果把企业的数据比作生命所必需的血液，那么数据库的设计就是应用中最重要的一部分。有关数据库设计的材料汗牛充栋，大学学位课程里也有专门的讲述，不过，就如我们反复强调的那样，再好的老师也比不过经验的教诲。所以我们最近找了些对数据库设计颇有造诣的专业人士给大家传授一些设计数据库的技巧和经验。我们从收到的 130 个反馈中精选了其中 60 个最佳技巧，并把这些技巧编写成本附录，为了方便索引，其内容划分为以下 5 部分：

第 1 部分：设计数据库之前

这部分罗列了 12 个基本技巧，包括命名规范和明确业务需求等。

第 2 部分：设计表和字段

这部分总共 24 个指南性技巧，涵盖表内字段设计以及应该避免的常见问题等。

第 3 部分：选择键和索引

这部分包括 10 个技巧专门涉及系统生成的主键的正确用法，还有何时以及如何索引字段以获得最佳性能等。

第 4 部分：保证数据的完整性

讨论如何保持数据库的清晰和健壮，如何把有害数据降低到最小程度。

第 5 部分：各种小技巧

不包括在以上 4 个部分中的其他技巧，有了它们，数据库开发工作会更轻松一些。

第 1 部分：设计数据库之前

1. 考察现有环境

在设计一个新数据库时，不但应该仔细研究业务需求，而且还要考察现有的系统。大多数数据库项目都不是从头开始建立的，通常，机构内总会存在用来满足特定需求的现有系统（可能没有实现自动计算）。显然，现有系统并不完美，否则就不必再建立新系统了。但是对旧系统的研究可以发现一些可能会忽略的细微问题。一般来说，考察现有系统绝对有好处。

——Lamont Adams

我曾经接手过一个为地区运输公司开发的数据库项目，活不难，用的是 Access 数据库。我设置了一些项目设计参数，而且同客户一道对这些参数进行了评估，事先还查看了开发环境下所采取的工作模式，等到最后部署应用的时候，只见终端上出了几个提示符，然后立马在我面前翘辫子了！抓耳挠腮地折腾了好几个小时，我才意识到，原来这家公司的网络上跑着两个数据库应用，而对网络的访问需要明确和严格的用户账号及其访问权限。明白了这一点，问题迎刃而解：只需采用客户的系统即可。这个项目给我的教训就是：记住，假如在诸如 Access 或者 Interbase 这类公共环境下开发应用程序，一定要从表面下手，深入系统内部搞清楚面临的环境到底是怎么回事。

—— Kg

2. 定义标准的对象命名规范

一定要定义数据库对象的命名规范。对数据库表来说，从项目一开始就要确定表名是采用复数还是单数形式。此外还要给表的别名定义简单规则（比方说，如果表名是一个单词，别名就取单词的前四个字母；如果表名是两个单词，就各取两个单词的前两个字母组成四个字母长的别名；如果表名由三个单词组成，不妨从头两个单词中各取一个，然后从最后一个单词中再取出两个字母，结果还是组成四个字母长的别名，其余以此类推。对工作用表来说，表名可以加上前缀"WORK_"，后面附上采用该表的应用程序的名字。表内的列要针对键采用一整套设计规则。比如，如果键是数字类型，可以用"_NO"作为后缀；如果是字符类型则可以采用"_CODE"后缀。对列名应该采用标准的前缀和后缀。再如，假如表里有好多"money"字段，不妨给每个列增加一个"_AMT"后缀。还有，日期列最好以"DATE_"作为名字打头。

——Rrichard

检查表名、报表名和查询名之间的命名规范。可能很快就被这些不同的数据库要素的名称搞糊涂。假如坚持统一地命名这些数据库的不同组成部分，应该至少在这些对象名字的开头用 table、query 或者 report 等前缀加以区别。

—— Rrydenm

如果采用了 Microsoft Access，可以用 qry、rpt、tbl 和 mod 等符号来标识对象（比如 tbl_Employees）。我在和 SQL Server（或者 Oracle）打交道的时候还用过 tbl 来索引表，但我用 sp_company（现在用 sp_feft_）来标识存储过程，因为在有的时候如果发现了更好的处理办法，我往往会保存好几个拷贝。我在实现 SQL Server 2000 时用 udf_（或者类似的标记）标识我编写的函数。

—— Timothy J. Bruce

3. 预先计划

20 世纪 80 年代初，我还在使用资产账目系统和 System 38 平台，那时我负责设计所有的日期字段，这样在不费什么力气的情况下就可以轻松处理 2000 年的问题了。许多人跟我说就别去解决这一问题了，因为要处理起来太麻烦（这在世人皆知的 Y2K 问题之前很久了）。我回击说只要预先计划，今后就不会遇到大麻烦。结果我只用了两周的时间就把程序全部改完了。因为预先计划得好，使后来 Y2K 问题对该系统的危害降到了最低程度（最近听说该程序甚至到了 1995 年都还运行在 AS/400 系统上，唯一出现的小问题就是从代码中删除注释费了点工夫）。

—— Generalist

4. 获取数据模式资源手册

正在寻求示例模式的人可以阅读《数据模式资源手册》一书，该书由 Len Silverston、W. H. Inmon 和 Kent Graziano 编写而成，是一本值得拥有的最佳数据建模图书。该书包括的章节涵盖多种数据领域，比如人员、机构和工作效能等。

—— Minstrelmike

5. 畅想未来，但不可忘了过去的教训

我发现询问用户如何看待未来需求变化非常有用。这样做可以达到两个目的：首先，你可以清楚地了解应用设计在哪个地方应该更具灵活性以及如何避免性能瓶颈；其次，你知道事先没有确定的需求发生变更时用户将和你一样吃惊。

—— Chrisdk

一定要记住过去的经验教训！我们开发人员还应该通过分享自己的体会和经验互相帮助。即使用户认为他们再也不需要什么支持了，我们也应该对他们进行这方面的教育，我们都曾经面临过这样的时刻"要是当初这么做了该多好……"。

—— Dhattrem

6. 在物理实践之前进行逻辑设计

在深入物理设计之前要先进行逻辑设计。随着大量的 CASE 工具不断涌现出来，你的设计也可以达到相当高的逻辑水准，你通常可以从整体上更好地了解数据库设计所需要的方方面面。

—— Chardove

7. 了解你的业务

在百分百地确定系统从客户角度满足其需求之前不要在你的 ER（实体关系）模式中加入哪怕一个数据表（怎么，你还没有模式？那请参看第 1 部分技巧 9）。了解你的企业业务可以在以后的开发阶段节约大量的时间。一旦明确了业务需求，你就可以自己做出许多决策了。

——Rangel

一旦你认为已经明确了业务内容，最好同客户进行一次系统的交流。采用客户的术语，并且向他们解释你所想到的和所听到的。同时还应该用可能、将会和必须等词汇表达出系统的关系基数。这样就可以让你的客户纠正你自己的理解，然后做好下一步的 ER 设计。

——Teburlew

8. 创建数据字典和 ER 图表

一定要花点时间创建 ER 图表和数据字典。其中至少应该包含每个字段的数据类型和在每个表内的主外键。创建 ER 图表和数据字典确实有点费时，但对于其他开发人员了解整个设计却是完全必要的。越早创建越能有助于避免今后面临的可能混乱，从而可以让任何了解数据库的人都明确如何从数据库中获得数据。

——Bgumbert

有一份诸如 ER 图表等的最新文档其重要性如何强调都不过分，这对表明表之间关系很有用，而数据字典则说明了每个字段的用途以及任何可能存在的别名。这对 SQL 表达式的文档化来说是完全必要的。

——Vanduin. chris. cj

9. 创建模式

一张图表胜过千言万语：开发人员不仅要阅读和实现它，而且还要用它来帮助自己和用户对话。模式有助于提高协作效能，这样在先期的数据库设计中几乎不可能出现大的问题。模式不必弄得很复杂，甚至可以简单到手写在一张纸上就行。只需要保证其上的逻辑关系今后能产生效益。

——Dana Daigle

10. 从输入输出下手

在定义数据库表和字段需求（输入）时，首先应检查现有的或者已经设计出的报表、查询和视图（输出），以决定为了支持这些输出哪些是必要的表和字段。举个简单的例子：假如客户需要一个报表按照邮政编码排序、分段和求和，你要保证其中包括了单独的邮政编码字段而不要把邮政编码揉进地址字段里。

——Peter. marshall

11. 报表技巧

要了解用户通常是如何报告数据的：批处理还是在线提交报表？时间间隔是每天、每周、每月、每个季度还是每年？如果需要还可以考虑创建总结表。系统生成的主键在报表中很难管理。用户在具有系统生成主键的表内用副键进行检索往往会返回许多重复数据，这样的检索性能比较低而且容易引起混乱。

——Kol

12. 理解客户需求

看起来这应该是显而易见的事，但需求就是来自客户（这里要从内部和外部客户的角度考虑）。不要依赖用户写下来的需求，真正的需求在客户的脑袋里。要让客户解释其需求，而且随着开发的继续，还要经常询问客户保证其需求仍然在开发的目的之中。一个不变的真理是："只有我看见了我才知道我想要的是什么"必然会导致大量的返工，因为数据库没有达到客户从来没有写下来的需求标准。而更糟的是你对他们需求的解释只属于你自己，而且可能是完全错误的。

——Kgilson

第 2 部分：设计表和字段

1. 检查各种变化

我在设计数据库的时候会考虑到将来哪些数据字段可能会发生变更。比方说，姓氏就是如此（注意是西方人的姓氏，比如女性结婚后从夫姓等）。所以，在建立系统存储客户信息时，我倾向于在单独的一个数据表里存储姓氏字段，而且还附加起始日和终止日等字段，这样就可以跟踪这一数据条目的变化。

——Shropshire Lad

2. 采用有意义的字段名

有一回我参加开发过一个项目，其中有从其他程序员那里继承的程序，那个程序员喜欢用屏幕上显示数据指示用语命名字段，这也不赖，但不幸的是，她还喜欢用一些奇怪的命名法，其命名采用了匈牙利命名和控制序号的组合形式，比如 cbo1、txt2、txt2_b 等。

除非在使用只面向你的缩写字段名的系统，否则请尽可能地把字段描述得清楚些。当然，也别做过头了，比如 Customer_Shipping_Address_Street_Line_1 I 虽然很富有说明性，但没人愿意键入这么长的名字，具体尺度就在你的把握中。

——Lamont Adams

3. 采用前缀命名

如果多个表里有好多同一类型的字段（比如 FirstName），不妨用特定表的前缀（比如 CusLastName）来帮助标识字段。

——NotoriousDOG

4. 采用时间标记

时效性数据应包括"最近更新日期/时间"字段。时间标记对查找数据问题的原因、按日期重新处理/重载数据和清除旧数据特别有用。

——Kol

5. 标准化和数据驱动

数据的标准化不仅方便了自己而且也方便了其他人。比方说，假如你的用户界面要访问外部数据源（文件、XML 文档、其他数据库等），不妨把相应的连接和路径信息存储在用户界面支持表里。还有，如果用户界面执行工作流之类的任务（发送邮件、打印信笺、修改记录状态等），那么产生工作流的数据也可以存放在数据库里。预先安排总需要付出努力，但如果这些过程采用数据驱动而非硬编码的方式，那么策略变更和维护都会方便得多。事实上，如果过程是数据驱动的，就可以把相当大的责任推给用户，由用户来维护自己的工作流过程。

——Tduvall

6. 标准化不能过头

对那些不熟悉标准化（normalization）一词的人而言，标准化可以保证表内的字段都是最基础的要素，而这一措施有助于消除数据库中的数据冗余。标准化有好几种形式，但 Third Normal Form（3NF）通常被认为在性能、扩展性和数据完整性方面达到了最好平衡。简单来说，3NF 规定：

- 表内的每一个值都只能被表达一次。
- 表内的每一行都应该被唯一地标识（有唯一键）。
- 表内不应该存储依赖于其他键的非键信息。

遵守 3NF 标准的数据库具有以下特点：有一组表专门存放通过键连接起来的关联数据。比方说，某个存放客户及其有关定单的 3NF 数据库就可能有两个表：Customer 和 Order。Order 表不包含定单关联客户的任何信息，但表内会存放一个键值，该键指向 Customer 表里包含该客户信息的那一行。

更高层次的标准化也有，但更标准是否就一定更好呢？答案是不一定。事实上，对某些项目来说，甚至就连 3NF 都可能给数据库引入太高的复杂性。

—— Lamont Adams

由于有关效率，因此对表不进行标准化有时也是必要的，这样的例子很多。曾经有个开发财务分析软件的活就是用非标准化表把查询时间从平均 40 秒降低到 2 秒左右。虽然我不得不这么做，但我绝不把数据表的非标准化当作当然的设计理念。而具体的操作不过是一种派生。所以如果表出了问题，重新产生非标准化的表是完全可能的。

—— Epepke

7. Microsoft Access 报表技巧

如果正在使用 Microsoft Access，可以用对用户友好的字段名来代替编号的名称，比如用 Customer Name 代替 txtCNaM。这样，当用向导程序创建表单和报表时，其名字会让那些不是程序员的人更容易阅读。

—— Jwoodruf

8. 不活跃或者不采用的指示符

增加一个字段表示所在记录是否在业务中不再活跃挺有用的。不管是客户、员工还是其他人，这样做都能有助于再运行查询的时候过滤活跃或者不活跃状态，同时还消除了新用户在采用数据时所面临的一些问题，比如，某些记录可能不再为他们所用，再删除的时候可以起到一定的防范作用。

—— Theoden

9. 使用角色实体定义属于某类别的列

在需要对属于特定类别或者具有特定角色的事物做定义时，可以用角色实体来创建特定的时间关联关系，从而可以实现自我文档化。

这里的含义不是让 PERSON 实体带有 Title 字段，而是说，为什么不用 PERSON 实体和 PERSON_TYPE 实体来描述人员呢？比方说，当 John Smith, Engineer 提升为 John Smith, Director 乃至最后爬到 John Smith, CIO 的高位，而所有要做的不过是改变两个表 PERSON 和 PERSON_TYPE 之间关系的键值，同时增加一个日期/时间字段来知道变化是何时发生的。这样，PERSON_TYPE 表就包含了所有 PERSON 的可能类型，比如 Associate、Engineer、Director、CIO 或者 CEO 等。

还有个替代办法就是改变 PERSON 记录来反映新头衔的变化，不过这样一来在时间上无法跟踪个人所处位置的具体时间。

—— Teburlew

10. 采用常用实体命名机构数据

组织数据最简单的办法就是采用常用名字，比如：PERSON、ORGANIZATION、ADDRESS 和 PHONE 等。当把这些常用的一般名字组合起来或者创建特定的相应副实体时，就得到了自己用的特殊版本。开始的时候采用一般术语的主要原因在于所有的具体用户都能对抽象事物具体化。

有了这些抽象表示，就可以在第 2 级标识中采用自己的特殊名称，比如，PERSON 可能是 Employee、Spouse、Patient、Client、Customer、Vendor 或者 Teacher 等。同样地，ORGANIZATION 也可能是 MyCompany、MyDepartment、Competitor、Hospital、Warehouse、Government 等。最后 ADDRESS 可以具体为 Site、Location、Home、Work、Client、Vendor、Corporate 和 FieldOffice 等。

采用一般抽象术语来标识"事物"的类别可以让你在关联数据以满足业务要求方面获得巨大的灵活性，同时这样做还可以显著降低数据存储所需的冗余量。

—— Teburlew

11. 用户来自世界各地

在设计用到网络或者具有其他国际特性的数据库时，一定要记住大多数国家都有不同的字段格式，比如邮政编码等，但有些国家，比如新西兰就没有邮政编码一说。

—— Billh

12. 数据重复需要采用分立的数据表

如果发现自己在重复输入数据，请创建新表和新的关系。

—— Alan Rash

13. 每个表中都应该添加的三个有用的字段

• dRecordCreationDate，在 VB 下默认是 Now（），而在 SQL Server 下默认为 GETDATE（）。

• sRecordCreator，在 SQL Server 下默认为 NOT NULL DEFAULT USER。

• nRecordVersion，记录的版本标记；有助于准确说明记录中出现 null 数据或者丢失数据的原因。

—— Peter Ritchie

14. 对地址和电话采用多个字段

描述街道地址就短短一行记录是不够的。Address_Line1、Address_Line2 和 Address_Line3 可以提供更大的灵活性。还有，电话号码和邮件地址最好拥有自己的数据表，其间具有自身的类型和标记类别。

—— Dwnerd

过分标准化可要小心，这样做可能会导致性能上出现问题。虽然地址和电话表分离通常可以达到最佳状态，但是如果需要经常访问这类信息，或许在其父表中存放"首选"信息（比如 Customer 等）更为妥当些。非标准化和加速访问之间的妥协是有一定意义的。

—— Dhattrem

15. 使用多个名称字段

我觉得很吃惊，许多人在数据库里就给 name 留一个字段。我觉得只有刚入门的开发人员才会这么做，但实际上网上这种做法非常普遍。我建议应该把姓氏和名字当作两个字段来处理，然后在查询的时候再把他们组合起来。

—— Klempan

Klempan 不是唯一一个注意到使用单个 name 字段的人，要把这种情况变得对用户更为友好有许多方法。我最常用的是在同一表中创建一个计算列，通过它可以自动连接标准化后的字段，这样数据变动的时候它也跟着变。不过，这样做在采用建模软件时得很机灵才行。总之，采用连接字段的方式可以有效地隔离用户应用和开发人员界面。

—— Damon

16. 提防大小写混用的对象名和特殊字符

过去最令我恼火的事情之一就是数据库里有大小写混用的对象名，比如 CustomerData。这一问题从 Access 到 Oracle 数据库都存在。我不喜欢采用这种大小写混用的对象命名方法，结果还不得不手工修改名字。想想看，这种数据库/应用程序能混到采用更强大数据库的那一天吗？所以，采用全部大写而且包含下划符的名字具有更好的可读性（CUSTOMER_DATA），绝对不要在对象名的字符之间留空格。

—— Bfren

17. 小心保留词

要保证你的字段名没有和保留词、数据库系统或者常用访问方法冲突,比如,最近我编写的一个 ODBC 连接程序里有个表,其中就用了 DESC 作为说明字段名。后果可想而知! DESC 是 DESCENDING 缩写后的保留词。表里的一个 SELECT * 语句倒是能用,但我得到的却是一大堆毫无用处的信息。

—— Daniel Jordan

18. 保持字段名和类型的一致性

在命名字段并为其指定数据类型的时候一定要保证一致性。假如字段在某个表中叫做"agreement_number",就别在另一个表里把名字改成"ref1"。假如数据类型在一个表里是整数,那在另一个表里可就别变成字符型了。记住,你干完自己的活了,其他人还要用你的数据库呢。

—— Setanta

19. 仔细选择数字类型

在 SQL 中使用 smallint 和 tinyint 类型要特别小心,比如,假如你想看看月销售总额,你的总额字段类型是 smallint,那么,如果总额超过了 32767 美元你就不能进行计算操作了。

—— Egermain

20. 删除标记

在表中包含一个"删除标记"字段,这样就可以把行标记为删除。在关系数据库里不要单独删除某一行,最好采用清除数据程序,而且要仔细维护索引整体性。

—— Kol

21. 避免使用触发器

触发器的功能通常可以用其他方式实现。在调试程序时触发器可能成为干扰。假如确实需要采用触发器,最好集中对它文档化。

—— Kol

22. 包含版本机制

建议在数据库中引入版本控制机制来确定使用中的数据库版本。无论如何都要实现这一要求。时间一长,用户的需求总是会改变的,最终可能会要求修改数据库结构。虽然可以通过检查新字段或者索引来确定数据库结构的版本,但我发现把版本信息直接存放到数据库中不更为方便吗?

—— Richard Foster

23. 给文本字段留足余量

ID 类型的文本字段，比如客户 ID 或定单号等都应该设置得比一般想象更大，因为时间不长你多半就会因为要添加额外的字符而难堪不已。比方说，假设你的客户 ID 为 10 位数长。那你应该把数据库表字段的长度设为 12 或者 13 个字符长。这算浪费空间吗？是有一点，但也没你想象得那么多：一个字段加长 3 个字符在有 1 百万条记录、再加上一点索引的情况下才不过让整个数据库多占据 3MB 的空间。但这额外占据的空间却无需将来重构整个数据库就可以实现数据库规模的增长。

—— Tlundin

24. 列命名技巧

我们发现，假如给每个表的列名都采用统一的前缀，那么在编写 SQL 表达式的时候会得到大大的简化。这样做也确实有缺点，比如破坏了自动表连接工具的作用，后者把公共列名同某些数据库联系起来，不过就连这些工具有时也连接错误。举个简单的例子，假设有两个表：Customer 和 Order。Customer 表的前缀是 cu_，所以该表内的子段名如下：cu_name_id、cu_surname、cu_initials 和 cu_address 等。Order 表的前缀是 or_，所以子段名是：or_order_id、or_cust_name_id、or_quantity 和 or_description 等。

这样从数据库中选出全部数据的 SQL 语句可以写成如下所示：

Select * from Customer, Order

Where cu_surname = "MYNAME"

and cu_name_id = or_cust_name_id

and or_quantity = 1；

在没有这些前缀的情况下则写成这个样子：

Select * from Customer, Order

Where Customer.surname = "MYNAME"

and Customer.name_id = Order.cust_name_id

and Order.quantity = 1

第一个 SQL 语句没少键入多少字符，但如果查询涉及 5 个表乃至更多的列时，就知道这个技巧多有用了。

—— Bryce Stenberg

第3部分：选择键和索引

1. 数据采掘要预先计划

我所在的市场部门一度要处理8万多份联系方式，同时填写每个客户的必要数据（这绝对不是小活）。我从中还要确定出一组客户作为市场目标。当我从最开始设计表和字段的时候，我试图不在主索引里增加太多的字段以便加快数据库的运行速度。然后我意识到特定的组查询和信息采掘既不准确速度也不快。结果只好在主索引中重建而且合并了数据字段。我发现有一个指示计划相当关键——当我想创建系统类型查找时为什么要采用号码作为主索引字段呢？我可以用传真号码进行检索，但是它几乎就像系统类型一样对我来说并不重要。采用后者作为主字段，数据库更新后重新索引和检索就快多了。

—— Hscovell

可操作数据仓库（ODS）和数据仓库（DW）这两种环境下的数据索引是有差别的。在 DW 环境下，你要考虑销售部门是如何组织销售活动的。他们并不是数据库管理员，但是他们确定表内的键信息。这里设计人员或者数据库工作人员应该分析数据库结构，从而确定出性能和正确输出之间的最佳条件。

—— Teburlew

2. 使用系统生成的主键

这一条类同技巧1，但我觉得有必要在这里重复提醒大家。假如你总是在设计数据库的时候采用系统生成的键作为主键，那么你实际控制了数据库的索引完整性。这样，数据库和非人工机制就有效地控制了对存储数据中每一行的访问。

采用系统生成键作为主键还有一个优点：当拥有一致的键结构时，找到逻辑缺陷很容易。

—— Teburlew

3. 分解字段用于索引

为了分离命名字段和包含字段以支持用户定义的报表，请考虑分解其他字段（甚至主键）为其组成要素，以便用户可以对其进行索引。索引将加快 SQL 和报表生成器脚本的执行速度。比方说，我通常在必须使用 SQL LIKE 表达式的情况下创建报表，因为 case number 字段无法分解为 year、serial number、case type 和 defendant code 等要素，性能也会变坏。假如年度和类型字段可以分解为索引字段，那么这些报表运行起来就会快多了。

—— Rdelval

4. 键设计四原则

- 为关联字段创建外键。
- 所有的键都必须唯一。
- 避免使用复合键。
- 外键总是关联唯一的键字段。

—— Peter Ritchie

5. 别忘了索引

索引是从数据库中获取数据最高效的方式之一。95%的数据库性能问题都可以采用索引技术得到解决。作为一条规则，我通常对逻辑主键使用唯一的成组索引，对系统键（作为存储过程）采用唯一的非成组索引，对任何外键列采用非成组索引。不过，索引就像是盐，太多了菜就咸了。得考虑数据库的空间有多大，表如何进行访问，还有这些访问是否主要用作读写。

—— Tduvall

6. 不要索引常用的小型表

不要为小型数据表设置任何键，假如它们经常有插入和删除操作就更别这样了。对这些插入和删除操作的索引维护可能比扫描表空间消耗更多的时间。

—— Kbpatel

7. 不要把社会保障号码（SSN）选作键

永远都不要把 SSN 作为数据库的键。除了隐私原因以外，须知政府越来越趋向于不准许把 SSN 用作除收入相关以外的其他目的，SSN 需要手工输入。永远不要把手工输入的键作为主键，因为一旦输入错误，唯一能做的就是删除整个记录，然后从头开始。

—— Teburlew

20 世纪 70 年代我还在读大学的时候，我记得那时 SSN 还曾被用作学号，当然尽管这么做是非法的。而且人们也都知道这是非法的，但他们已经习惯了。后来，随着盗取身份犯罪案件的增加，我所在的大学校园正痛苦地从一大摊子数据中把 SSN 删除。

—— Generalist

8. 不要用用户的键

在确定采用什么字段作为表的键的时候，可一定要小心用户将要编辑的字段。通常情况下不要选择用户可编辑的字段作为键。这样做会迫使你采取以下两个措施：

- 在创建记录之后对用户编辑字段的行为施加限制。假如这么做了，你可能会发现你的应用程序在商务需求突然发生变化，而用户需要编辑那些不可编辑的字段时缺乏足够的灵活性。当用户在输入数据之后直到保存记录才发现系统出了问题，他们该怎么想？删除重建？假如记录不可重建是否让用户走开？

- 提出一些检测和纠正键冲突的方法。通常，费点精力也就搞定了，但是从性能上来看这样做的代价就比较大了。还有，键的纠正可能会迫使你突破你的数据和商业/用户界面层之间的隔离。

所以还是重提一句老话：你的设计要适应用户而不是让用户来适应你的设计。

—— Lamont Adams

不让主键具有可更新性的原因是在关系模式下，主键实现了不同表之间的关联。比如，Customer 表有一个主键 CustomerID，而客户的定单则存放在另一个表里。Order 表的主键可能是 OrderNo 或者 OrderNo、CustomerID 和日期的组合。不管选择哪种键设置，都需要在 Order 表中存放 CustomerID 来保证可以给下订单的用户找到其订单记录。

假如在 Customer 表里修改了 CustomerID，那么必须找出 Order 表中的所有相关记录对其进行修改。否则，有些订单就会不属于任何客户——数据库的完整性就算完蛋了。

如果索引完整性规则施加到表一级，那么在不编写大量代码和附加删除记录的情况下，几乎不可能改变某一条记录的键和数据库内所有关联的记录。而这一过程往往错误不断，所以应该尽量避免。

—— Ljboast

9. 可选键有时可作主键

记住，查询数据的不是机器而是人。

假如有可选键，可能进一步把它用作主键。那样的话，就拥有了建立强大索引的能力，这样可以阻止使用数据库的人不得不连接数据库，从而恰当地过滤数据。在严格控制域表的数据库上，这种负载是比较醒目的。如果可选键真正有用，那就是达到了主键的水准。

我的看法是，假如有可选键，比如国家表内的 state_code，不要在现有不能变动的唯一键上创建后续的键。要做的无非是创建毫无价值的数据。比如以下的例子：

Select count(*)
from address, state_ref
where
address. state_id = state_ref. state_id
and state_ref. state_code = 'TN'

我的做法是这样的：

Select count(*)
from address
where
and state_code = 'TN'

如果因为过度使用表的后续键建立这种表的关联，操作负载真得需要考虑一下了。

—— Stocker

10. 别忘了外键

　　大多数数据库索引自动创建的主键字段。但别忘了索引外键字段，它们在你想查询主表中的记录及其关联记录时每次都会用到。还有，不要索引 memo/notes 字段，而且不要索引大型文本字段（许多字符），这样做会让你的索引占据大量的数据库空间。

—— Gbrayton

第 4 部分：保证数据的完整性

1. 用约束而非商务规则强制数据完整性

如果按照商务规则来处理需求，那么应当检查商务层次/用户界面：如果商务规则以后发生变化，那么只需要进行更新即可。

假如需求源于维护数据完整性的需要，那么在数据库层面上需要施加限制条件。

如果在数据层确实采用了约束，你要保证有办法把更新不能通过约束检查的原因采用用户理解的语言通知用户界面。除非你的字段命名很冗长，否则字段名本身还不够。

—— Lamont Adams

只要有可能，请采用数据库系统实现数据的完整性。这不但包括通过标准化实现的完整性而且还包括数据的功能性。在写数据的时候还可以增加触发器来保证数据的正确性。不要依赖于商务层保证数据完整性，它不能保证表之间（外键）的完整性，所以不能强加于其他完整性规则之上。

—— Peter Ritchie

2. 分布式数据系统

对分布式系统而言，在决定是否在各个站点复制所有数据还是把数据保存在一个地方之前，应该估计一下未来 5 年或者 10 年的数据量。当把数据传送到其他站点的时候，最好在数据库字段中设置一些标记。在目的站点收到数据之后更新你的标记。为了进行这种数据传输，请写下自己的批处理或者调度程序以特定时间间隔运行而不要让用户在每天工作后传输数据。本地拷贝你的维护数据，比如计算常数和利息率等，设置版本号保证数据在每个站点都完全一致。

—— Suhair TechRepublic

3. 强制指示完整性

没有好办法能在有害数据进入数据库之后消除它，所以应该在它进入数据库之前将其剔除。激活数据库系统的指示完整性特性，这样可以保持数据的清洁而能迫使开发人员投入更多的时间处理错误条件。

—— Kol

4. 关系

如果两个实体之间存在多对一关系，而且还有可能转化为多对多关系，那么最好一开始就设置成多对多关系。从现有的多对一关系转变为多对多关系比一开始就是多对多关系要难得多。

—— CS Data Architect

5. 采用视图

为了在你的数据库和应用程序代码之间提供另一层抽象，可以为你的应用程序建立专门的视图而不必非要应用程序直接访问数据表。这样做还等于在处理数据库变更时给你提供了更多的自由。

—— Gay Howe

6. 给数据保有和恢复制订计划

考虑数据保有策略并包含在设计过程中，预先设计你的数据恢复过程。采用可以发布给用户/开发人员的数据字典实现方便的数据识别，同时保证对数据源文档化。编写在线更新来"更新查询"，供以后万一数据丢失可重新处理更新。

—— Kol

7. 用存储过程让系统做重活

解决了许多问题来产生一个具有高度完整性的数据库解决方案之后，我所在的团队决定封装一些关联表的功能组，提供一整套常规的存储过程来访问各组，以便加快速度和简化客户程序代码的开发。在此期间，我们发现 3GL 编码器设置了所有可能的错误条件，如以下所示：

```
SELECT Cnt = COUNT ( * )
FROM [〈Table〉]
WHERE [〈primary key column〉] = 〈new value〉
IF Cnt = 0
BEGIN
INSERT INTO [〈Table〉]
( [〈 primary key column〉] )
VALUES ( 〈New value〉 )
END
ELSE
BEGIN
〈indicate duplication error〉
END
```

而一个非 3GL 编码器是这样做的：

```
INSERT INTO [〈Table〉]
([〈primary key column〉])
VALUES
(〈New value〉)
IF @@ERROR = 2627 - - Literal error code for Primary Key Constraint
BEGIN
```

〈indicate duplication error〉
END

第 2 个程序简单多了,而且事实上利用了我们给数据库的功能。虽然我个人不喜欢使用嵌入文字(2627),但是那样可以很方便地用一点预先处理来代替。数据库不只是一个存放数据的地方,它也是简化编码之地。

———— A-smith

8. 使用查找

控制数据完整性的最佳方式就是限制用户的选择。只要有可能,都应该提供给用户一个清晰的价值列表供其选择。这样将减少键入代码的错误和误解,同时提供数据的一致性。某些公共数据特别适合查找:国家代码、状态代码等。

———— CS Data Architect

第5部分：各种小技巧

1. 文档、文档、文档

对所有的快捷方式、命名规范、限制和函数都要编制文档。

—— Nickypendragon

采用给表、列、触发器等添加注释的数据库工具。是的，这有点费事，但从长远来看，这样做对开发、支持和跟踪修改非常有用。

—— Chardove

取决于使用的数据库系统，可能有一些软件会提供一些使你很快上手的文档。你可能希望先开始再说，然后获得越来越多的细节；或者你可能希望周期性地预排，在输入新数据同时随着你的进展对每一部分再细节化。不管选择哪种方式，总要对你的数据库文档化，或者在数据库自身的内部或者单独建立文档。这样，当你过了一年多时间再回过头来做第2个版本时，你犯错的机会将大大减少。

—— Mrs_ helm

2. 使用常用英语（或者其他任何语言）而不要使用编码

为什么我们经常采用编码（比如9935A可能是墨水笔的供应代码，4XF788 – Q可能是账目编码）？理由很多。但是用户通常都用英语进行思考而不是编码。工作5年的会计或许知道4XF788 – Q是什么东西，但新来的可就不一定了。在创建下拉菜单、列表、报表时最好按照英语名排序。假如需要编码，那可以在编码旁附上用户知道的英语。

—— Amasa

3. 保存常用信息

让一个表专门存放一般数据库信息非常有用。我常在这个表里存放数据库当前版本、最近检查/修复（对Access）、关联设计文档的名称、客户等信息。这样可以实现一种简单机制跟踪数据库，当客户抱怨他们的数据库没有达到希望的要求而与你联系时，这样做对非客户机/服务器环境特别有用。

—— Richard Foster

4. 测试、测试、反复测试

建立或者修订数据库之后，必须用用户新输入的数据测试数据字段。最重要的是，让用户进行测试并且同用户一道保证你选择的数据类型满足商业要求。测试需要在把新数据库投入实际服务之前完成。

—— Juneebug

5. 检查设计

在开发期间检查数据库设计的常用技术是通过其所支持的应用程序原型来检查数据库。换句话说，针对每一种最终表达数据的原型应用，保证既检查了数据模型并且还查看到如何取出数据。

—— Jgootee

6. Access 设计技巧

对复杂的 Microsoft Access 数据库应用程序而言，可以把所有的主表放在一个数据库文件里，然后增加其他数据库文件和装载同原有数据库有关的特殊函数。根据需要用这些函数连接到主文件中的主表，比如数据输入、数据 QC、统计分析、向管理层或者政府部门提供报表以及各类只读查询等。这一措施简化了用户和组权限的分配，而且有利于应用程序函数的分组和划分，从而在程序必须修改的时候易于管理。

—— Dennis Walden

附录二：管理信息系统 CyclesMIS 的源程序清单

1. Index.asp(网站首页和产品设计师浏览界面)
2. Submit.asp(顾客注册界面)
3. Userindex.asp(人力资源经理浏览界面)
4. Addorder.asp(添加订单界面)
5. Addproduct.asp(添加产品界面)
6. Customerindex.asp(顾客浏览界面)
7. Adduser.asp(添加用户界面)
8. Editpass.asp(修改密码界面)
9. Editproduct.asp(编辑产品界面)
10. Edituser.asp(修改用户界面)
11. Imageindex.asp(产品图片浏览界面)
12. Ok.asp(添加用户结果显示界面)
13. Ok2.asp(修改用户结果显示界面)
14. Ok3.asp(修改密码结果显示界面)
15. Quit.asp(退出界面)
16. Conn.asp(asp 连接数据库代码)
17. Count.asp(统计报表界面)